高等学校应用型特色规划教材

C 语言程序设计基础教程

张丽萍　孟繁军　主　编

王利江　王春晖　副主编

清华大学出版社

北　京

内 容 简 介

C语言是目前使用最广的程序设计语言之一，学好C语言程序设计对掌握基本编程方法、培养“计算思维”方式、提高解决问题的能力具有重要意义。C语言程序设计是计算机专业学生的重要基础课程，也是非计算机专业学生选修的热门课程。

本书面向高等学校各专业，内容主要涉及C语言编程的基本知识和结构化编程方法。通过与问题相关的实例讲解，让学习者掌握C语言的基本运算、程序的控制流程、模块化的设计方法、指针以及文件等相关基础知识。本书注重实践环节，每章按照程序设计在线评测(OJ)系统的实战题目安排训练。挑选典型实训题目，配合丰富的习题，精讲多练，培养学习者程序设计实践能力。

本书内容循序渐进、结构清晰、通俗易懂，讲授的内容少而精，是作者们多年教学经验的总结。可作为普通高等学校计算机专业和非计算机专业C语言程序设计课程的本、专科教材，也可供其他自学者使用。

图书在版编目(CIP)数据

C语言程序设计基础教程/张丽萍，孟繁军主编. --北京：清华大学出版社，2014(2021.1重印)
(高等学校应用型特色规划教材)
ISBN 978-7-302-38283-6

Ⅰ. ①C… Ⅱ. ①张… ②孟… Ⅲ. ①C语言—程序设计—高等学校—教材 Ⅳ. ①TP312

中国版本图书馆CIP数据核字(2014)第231642号

责任编辑：秦 甲
封面设计：杨玉兰
责任校对：周剑云
责任印制：杨 艳

出版发行：清华大学出版社
网　　址：http://www.tup.com.cn, http://www.wqbook.com
地　　址：北京清华大学学研大厦A座　　**邮　　编**：100084
社 总 机：010-62770175　　**邮　　购**：010-62786544
投稿与读者服务：010-62776969, c-service@tup.tsinghua.edu.cn
质量反馈：010-62772015, zhiliang@tup.tsinghua.edu.cn
课件下载：http://www.tup.com.cn, 010-62791865

印 装 者：三河市龙大印装有限公司
经　　销：全国新华书店
开　　本：185mm×260mm　　**印　张**：14.75　　**字　　数**：355千字
版　　次：2014年11月第1版　　**印　　次**：2021年1月第5次印刷
定　　价：45.00元

产品编号：059260-03

前　言

“程序设计基础”是高等院校计算机专业的基础课程，C 语言是程序设计语言的主流语言。C 语言功能丰富、表达能力强，使用灵活方便，程序执行效率高，它不但具有高级语言的功能，而且还具备低级语言的特性。具有完善的模块程序结构，可移植性好，而且可以直接实现对系统硬件的控制，具有较强的系统处理能力。因而，目前大部分院校都选择C语言作为编程入门语言。

本书根据教育部计算机科学与技术教学指导委员会发布的《高等学校计算机科学与技术专业发展战略研究报告暨专业规范》及《高等学校计算机科学与技术专业核心课程教学实施方案》的教学基本要求，结合多年讲授C语言程序设计课程的教学经验编写而成。参与本书编写的老师都是从事程序设计专业课或公共课教学的老师，先后进行了 10 多年的 C 语言课程的教学。我们一边实施教学，一边进行教改研究，先后获得省级精品课程、省级优秀教学团队及省级教学名师的殊荣。

本书内容丰富，实用性强，采用精讲多练的方式，使读者掌握C语言的基本内容及程序设计的基本方法和编程技巧，逐步建立程序设计的基本思想，为进一步学习计算机相关专业打下基础。本书具有如下特点。

(1) 结构清晰，知识完整。本书内容翔实、系统性强，依据高校教学大纲组织内容，并将实际经验融入基本理论之中。

(2) 学以致用，注重能力。本书以“基础知识—例题—实训”为主线，先介绍基础知识，再讲授例题，最后给出实训题目，以便于读者掌握该章的重点知识并提高编程能力。

(3) 示例丰富，实用性强。本书示例丰富、步骤明确、讲解细致，突出实用性。

(4) 注重规范，学用结合。本书知识点的学习与使用紧密结合，知识点基本上采用即学即用的原则。在用的同时引导学生养成良好的编程习惯，编写风格优美、可读性好、易于维护的程序代码。

本书适合作为高校计算机专业的学生学习“程序设计基础”类课程的教材，也可以作为非计算机专业的理工科学生学习“程序设计语言”的教材。在进行公共课教学时，可根据实际情况对教材内容及上机实践内容进行适当的调整。

全书共分为 10 章，详细介绍了初学者使用 C 语言进行程序设计所涉及的基本内容，每一章均配有例题和习题。本书第 1、10 章由孟繁军编写，第 2、3 章由张丽萍编写，第 4、5 章由王春晖编写，第 6 章由王利江编写，第 7 章由俞宗佐编写，第 8 章由李慧哲编写，第 9 章由朝力萌编写，附录由刘东升编写。全书由孟繁军统稿，刘东升审核。

本书在编写过程中得到了许多老师的帮助，在此表示诚挚的感谢。在编写过程中参考了很多文献，在此一并向文献的作者表示感谢。由于作者水平有限，书中难免有疏漏和不当之处，敬请读者和专家批评指正。

编　者

目　录

第1章　C程序设计概述

本章要点

- 程序设计语言的发展历史;
- C语言的开发过程;
- 常用的C语言开发环境。

本章难点

使用常用的C语言开发环境。

1.1　程序设计语言简介

程序设计语言是用于编写计算机程序的语言，自20世纪60 年代以来，世界上公布的程序设计语言已有上千种之多，但是只有很小一部分得到了广泛的应用。从发展历程来看，程序设计语言可以分为四代。

1. 机器语言

机器语言包含了计算机中 CPU(中央处理器)的指令集，是由二进制 0、1 代码指令构成，指令集包含的指令是CPU能够理解的，不同的 CPU 具有不同的指令系统。用机器指令编写的程序通常称为机器代码。机器语言程序的效率是最高的，但是机器语言程序难编写、难修改、难维护和难调试，需要用户直接对存储空间进行分配，编程效率极低。因此，现在的程序很少用机器语言编写。

2. 汇编语言

汇编语言指令是机器指令的符号化，与机器指令存在着直接的对应关系，也就是说机器指令被类似于英语单词(称为助记符)的东西所代替。因此，汇编语言编写的程序比较接近英语，编写和调试相对容易。但是这些程序在执行前要被转换成CPU能理解的机器语言(由汇编程序完成)。所以汇编语言同样存在着难学难用、容易出错、维护困难等缺点。但是汇编语言也有自己的优点：可直接访问系统接口，汇编程序翻译成机器语言后程序的效率高。从软件工程角度来看，只有在高级语言不能满足设计要求，或不具备支持某种特定功能的技术性能(如特殊的输入输出)时，汇编语言才被使用。

3. 高级语言

高级语言形式上接近于算术语言和自然语言，概念上接近于人们通常使用的概念。高级语言的一个命令可以代替几条、几十条甚至几百条汇编语言的指令。因此，高级语言易学易用，通用性强，应用广泛。

从应用角度来看，高级语言可以分为基础语言、结构化语言和专用语言。例如：

FORTRAN、COBOL、BASIC、ALGOL 等属于基础语言；Pascal、C、Ada 语言属于结构化语言；APL、Forth、LISP 属于专用语言等。

从描述客观系统来看，程序设计语言可以分为面向过程语言和面向对象语言。前面介绍的程序设计语言大多为面向过程语言。比较流行的面向对象语言有 Delphi、Visual Basic、Java、C++等。

4. 非过程化语言

非过程化语言，编码时只需说明“做什么”，不需描述算法细节。应用程序生成器则是根据用户的需求“自动生成”满足需求的高级语言程序。真正的第四代程序设计语言应该说还没有出现。第四代程序设计语言是面向应用，为最终用户设计的一类程序设计语言。它具有缩短应用开发过程、降低维护代价、最大限度地减少调试过程中出现的问题以及对用户友好等优点。数据库查询(SQL)和应用程序生成器是第四代程序语言的两个典型应用。

1.2 C 程序设计语言

1.2.1 C 语言的发展历史

C 语言的发展颇为有趣。它的原型 ALGOL 60 语言(也称为 A 语言)。

1963 年，剑桥大学将 ALGOL 60 语言发展成为 CPL(Combined Programming Language，组合编程语言)。

1967 年，剑桥大学的 Matin Richards 对 CPL 进行了简化，于是产生了 BCPL。

1970 年，美国贝尔实验室的 Ken Thompson 将 BCPL 进行了修改，并为它取了一个有趣的名字“B 语言”。意思是将 CPL 煮干，提炼出它的精华，并且他用 B 语言写了第一个 UNIX 操作系统。

而在 1973 年，B 语言也给人“煮”了一下，美国贝尔实验室的 Dennis M.Ritchie(里奇)在 B 语言的基础上最终设计出了一种新的语言，他取了 BCPL 的第二个字母作为这种语言的名字，这就是 C 语言。

为了使 UNIX 操作系统推广，1977 年 Dennis M.Ritchie 发表了不依赖于具体机器系统的 C 语言编译文本《可移植的 C 语言编译程序》。

1978 年，Brian W.Kernighian 和 Dennis M.Ritchie 出版了名著《The C Programming Language》，从而使 C 语言成为目前世界上最广泛流行的高级程序设计语言。

1988 年，随着微型计算机的日益普及，出现了许多 C 语言版本。由于没有统一的标准，使得这些 C 语言之间出现了一些不一致的地方。为了改变这种情况，美国国家标准研究所(ANSI)为 C 语言制定了一套 ANSI 标准，成为现行的 C 语言标准。C 语言发展迅速，而且成为最受欢迎的语言之一，主要因为它具有强大的功能。许多著名的系统软件，如 dBASE Ⅲ Plus、dBASE Ⅳ 都是由 C 语言编写的。用 C 语言加上一些汇编语言子程序，就更能显示 C 语言的优势了，像 PC-DOS、WordStar 等就是用这种方法编写的。

里奇把全部精力都放到 Unix、C 语言、C++语言的应用和推广上，曾在很多国家进行过教学和讲座活动。2000 年，他来到了中国，在北京大学和复旦大学进行了题为《贝尔实验室与操作系统》的演讲，为推动中国 Unix/Linux 的应用和发展贡献了力量。

1983 年，人们将计算机科学方面的最高荣誉——图灵奖颁发给了里奇，以表彰他对计算机科学所做出的杰出贡献。

1990 年，ISO 接受了 C 为 ISO C 的标准(ISO9899—1990)。并于 1994 年，修订了 C 语言标准。5 年之后，ISO 对前版本做了修改，此次也修改了 C 语言的标准，增加了一些需要的功能。2001 年与 2004 年，又发生了两次技术修改。

目前流行的 C 语言编译系统大多是以 ANSI C 为基础进行开发的，但不同版本的 C 编译系统所实现的语言功能和语法规则又略有差别。

1.2.2　C 语言的特点

C 语言是高级程序设计语言，也就是说程序员不必知道具体的 CPU 型号也可以为计算机进行程序编制。它主要用来进行计算机的程序设计。C 语言具有高效、灵活、功能丰富、表达力强和移植性好等的特点，在计算机语言中备受青睐。

在程序能够运行前，源代码必须有编译器编译成机器语言。相对于汇编语言只能针对具体型号的 CPU 才能运行，C 语言的便捷性是很明显的。

1.3　一个简单的 C 程序：输出一行文字

下面先给出一个最简单的 C 程序。

程序代码如下(ch01-1.c)：

```
/*ch01-1.c*/
#include <stdio.h> //引入标准头文件

int main()//主程序，程序进入点
{
    /*输出 Hello, C program! 与换行符*/
    printf("Hello, C program! \n");
    return 0;//程序正常结束
}
```

把上面的字符在任意的文本编辑器里输入，然后保存在一个扩展名为.c 的文本文件中(此处保存为：ch01-1.c)。例如，上面的程序编译连接后，在命令行窗口输出 Hello，C program！，运行结果如图 1.1 所示。

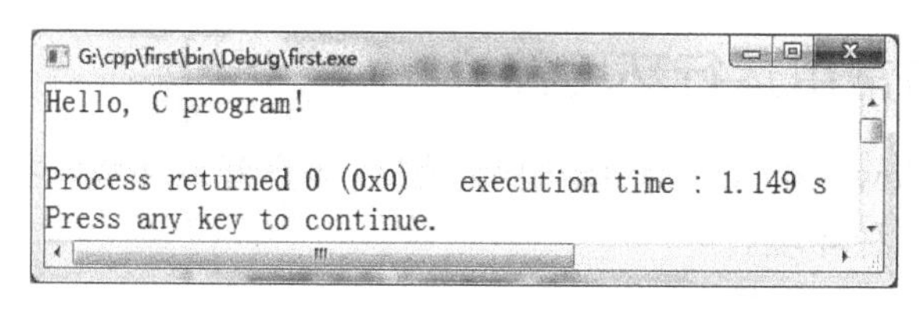

图 1.1　简单程序的运行结果

下面对 C 程序结构简单解释。

(1) 注释：C 语言支持两种方式的注释，一种是单行注释，在一行中以“//”开始，后

续的内容为注释；另一种是多行注释，也叫块注释，以“/*”开始，以“*/”结束。

(2) 头文件：在上面这个程序中，包含了标准输入输出头文件 stdio.h，用来交互处理输入输出的信息。

(3) 预处理指令：在C语言中，以#开头，并且放在源文件开关的指令属于预处理指令，表示在编译器编译程序之前需要进行处理的命令。

(4) main 函数：一个C语言程序的运行是从 main 函数开始的。本例中，int main()表示的就是主函数，在一个C程序中，有且只能有一个 main 函数，这也是程序运行的入口点。在C语言中，函数是程序的基本单位。

(5) 返回语句：程序运行结束后，要返回到程序运行的起始点，一般是操作系统，并且告诉程序运行是否正常结束。上例中的 return 0 语句就是完成这个功能的。

(6) 函数体：用一对大括号({})括起来的部分，我们称为是函数体，也就是程序完成的主要功能的代码部分。因此，{}在一个C语言程序中是必不可少的。

1.4　C 程序的运行过程与运行环境

1.4.1　C 程序的运行过程

C程序的运行过程包括编辑、编译、连接、运行和调试等几个步骤。

(1) **编辑**。在任意的文本编辑器里输入程序源代码，最后保存为文本的形式，文件的扩展名一定是.c，现在常用的集成环境像 VC++、Dev C++、Code::Blocks 等都支持直接编辑文件，并保存成合适的C程序文件。

(2) **编译**。将上一步编辑好的源程序翻译成二进制代码的过程，结果生成目标程序(也叫目标文件)。

(3) **链接**。编译后产生的目标文件还不能直接运行，链接是把目标文件和其他目标文件、系统提供的库函数和操作系统的资源链接到一个可执行的文件中，生成了可以执行的程序。

(4) **运行**。把上一步生成的可执行文件在操作系统环境里执行的过程叫运行。

(5) **调试**。如果程序运行后，达到了预期的目标，则整个程序编写过程结束，否则要进一步检查，通过调试的方法来发现并排除程序中的错误(包括语法错误、运行时错误、逻辑错误)。

C程序的整个运行过程如图 1.2 所示。

1.4.2　C 程序的常用运行环境简介

下面介绍在 Windows 和 Linux 系统中常用的C语言开发环境，主要有 Visual C++ 6.0、Code::Blocks、GCC 三种环境。

1) Visual C++ 6.0 运行环境

下面介绍使用 VC++编写一个简单的C程序，该程序输出“Hello, C program！”，步骤如下。

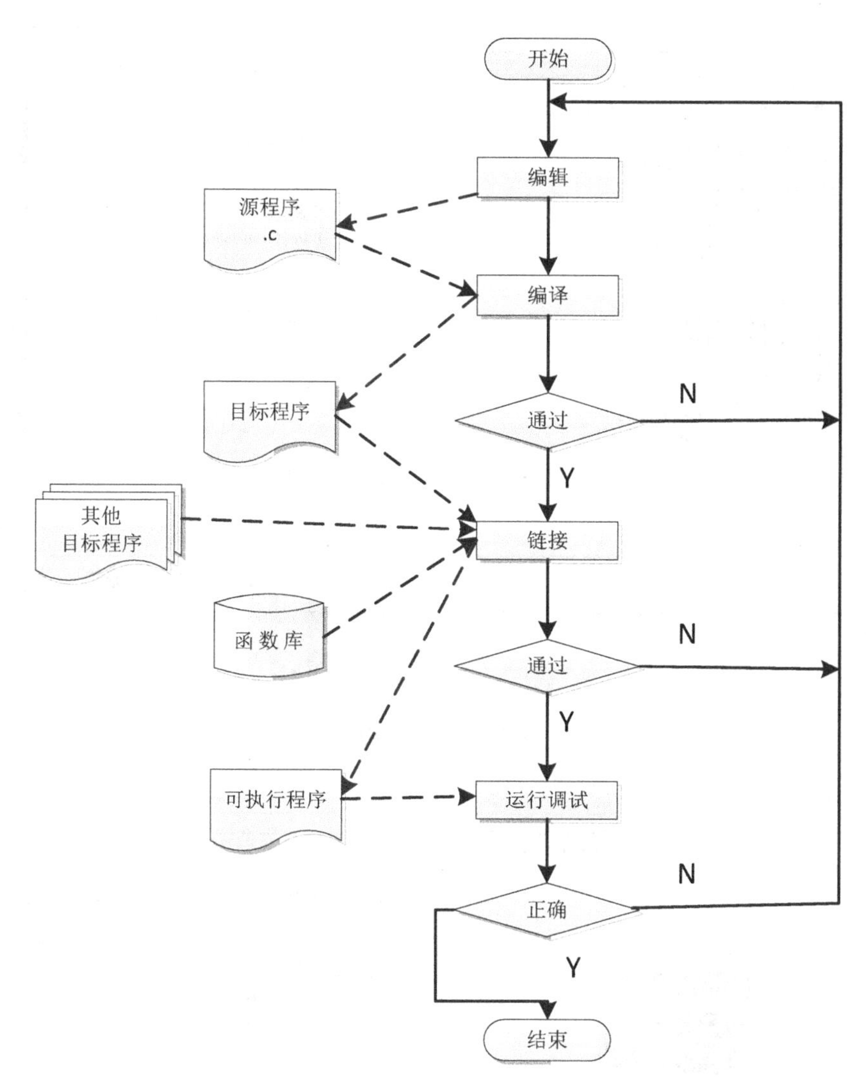

图 1.2 C 程序的编写和运行过程

(1) 创建名字为 myFirstProject 的工程。

启动 VC++后，选择“文件”→“新建”命令，打开“新建”对话框并切换到“工程”选项卡，如图 1.3 所示。

① 在当前对话框左侧的选项列表中选中“Win32 Console Application”。

② 在“工程名称”文本框中输入工程的名称：myFirstProject。

③ 在“位置”文本框中输入存放工程的位置，这里我们输入的位置是：H:\cpp-lx。

④ 在弹出的选择工程类型对话框中选择“空工程”就创建了名字为 myFirstProject 的工程，如图 1.4 所示。

(2) 向工程中添加源文件。选择“文件”→“新建”命令，打开“新建”对话框，选择“文件”选项卡，如图 1.5 所示。选中“添加到工程”复选框，并在下拉列表框中选择 myFirstProject 选项。在“文件名”文本框中输入 helloworld.c。

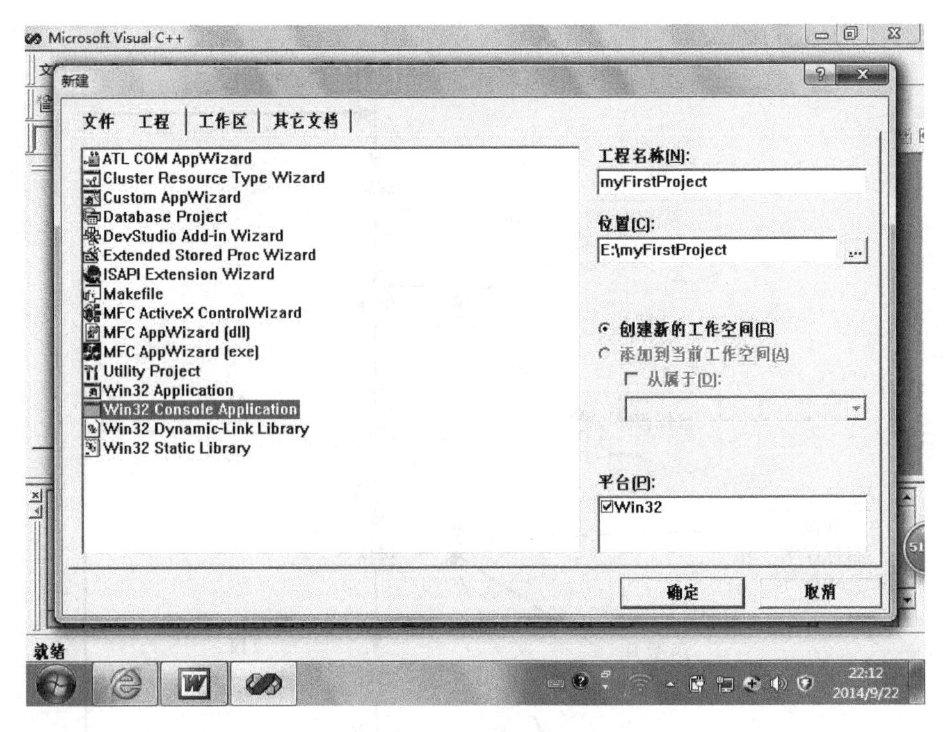

图 1.3　创建工程

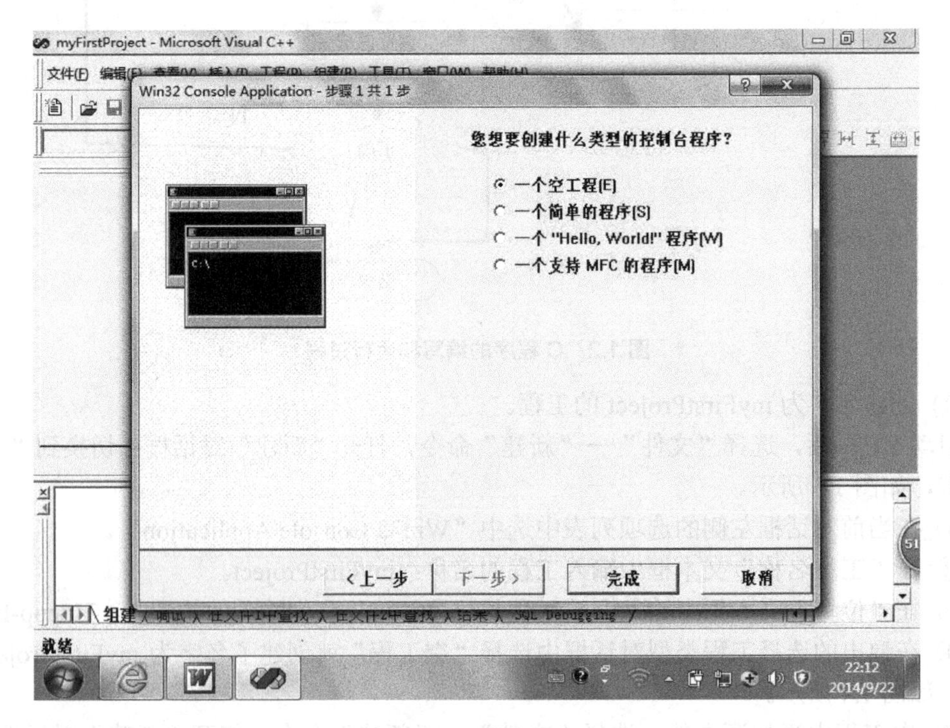

图 1.4　空工程

(3) 编辑 helloWorld.c 源文件，如图 1.6 所示。

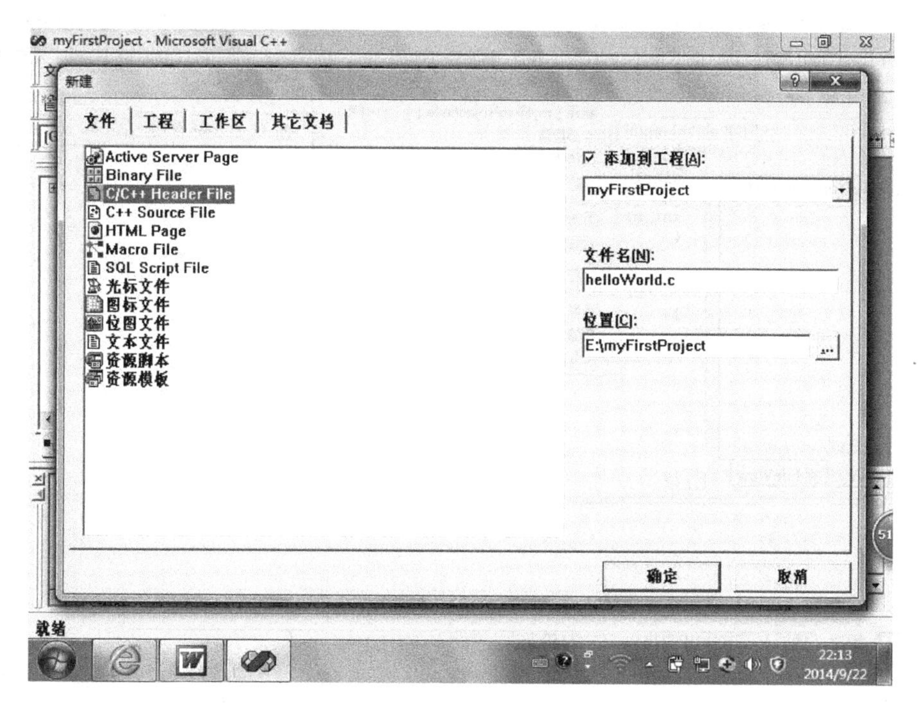

图 1.5　添加源文件

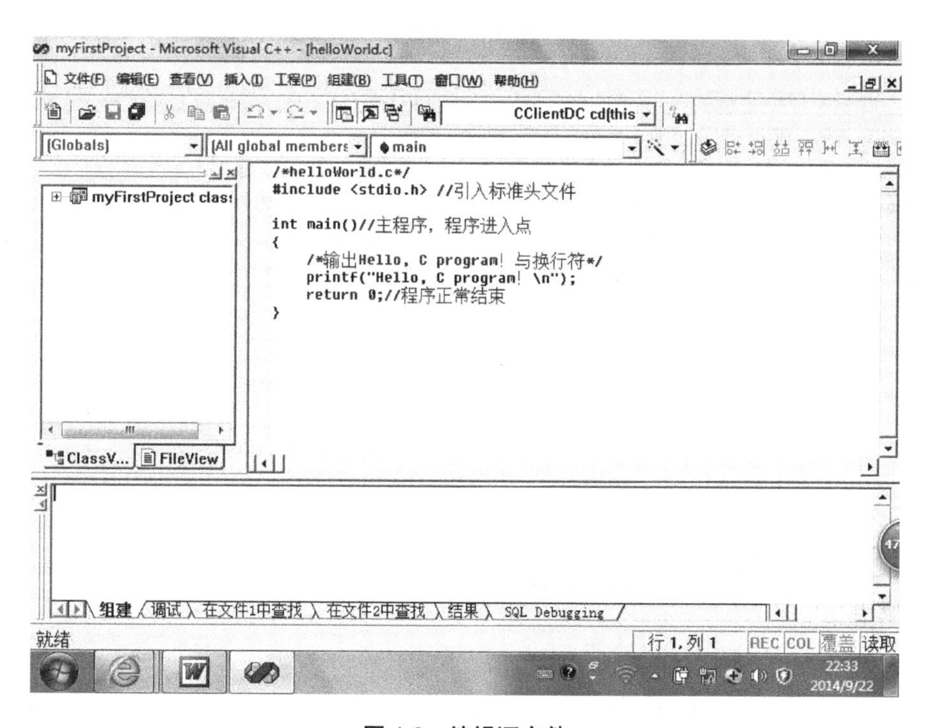

图 1.6　编辑源文件

(4) 编译。选择“组建”→“编译”命令，如图 1.7 所示。

(5) 在“组建”菜单中选择“执行”命令进行链接和运行，如图 1.8 所示。

(6) 运行结果如图 1.9 所示。

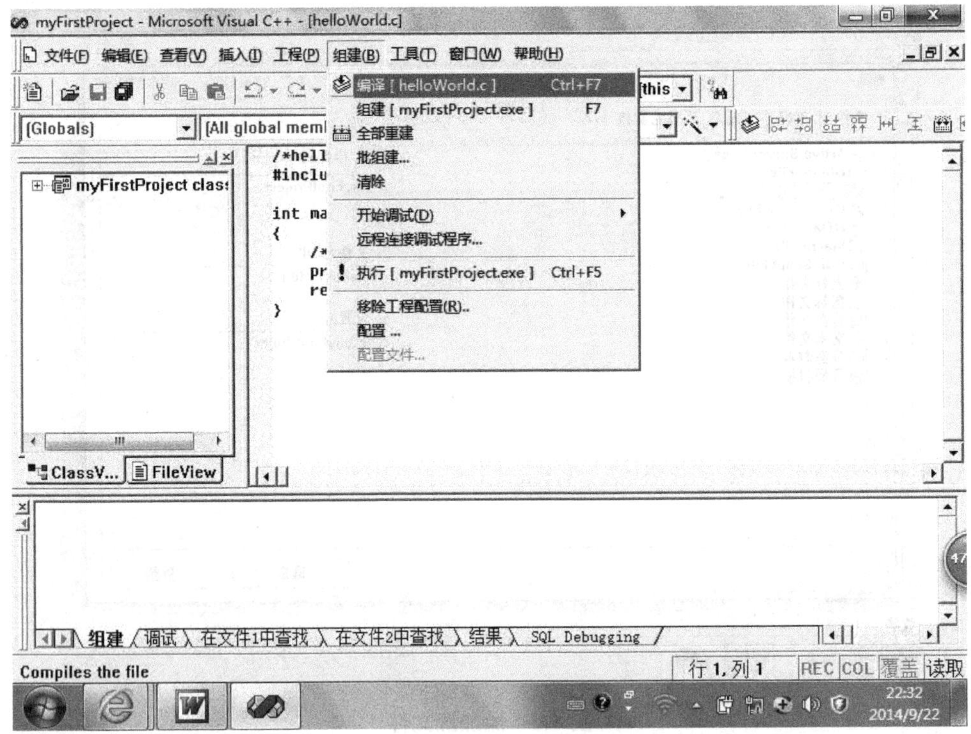

图 1.7　编译

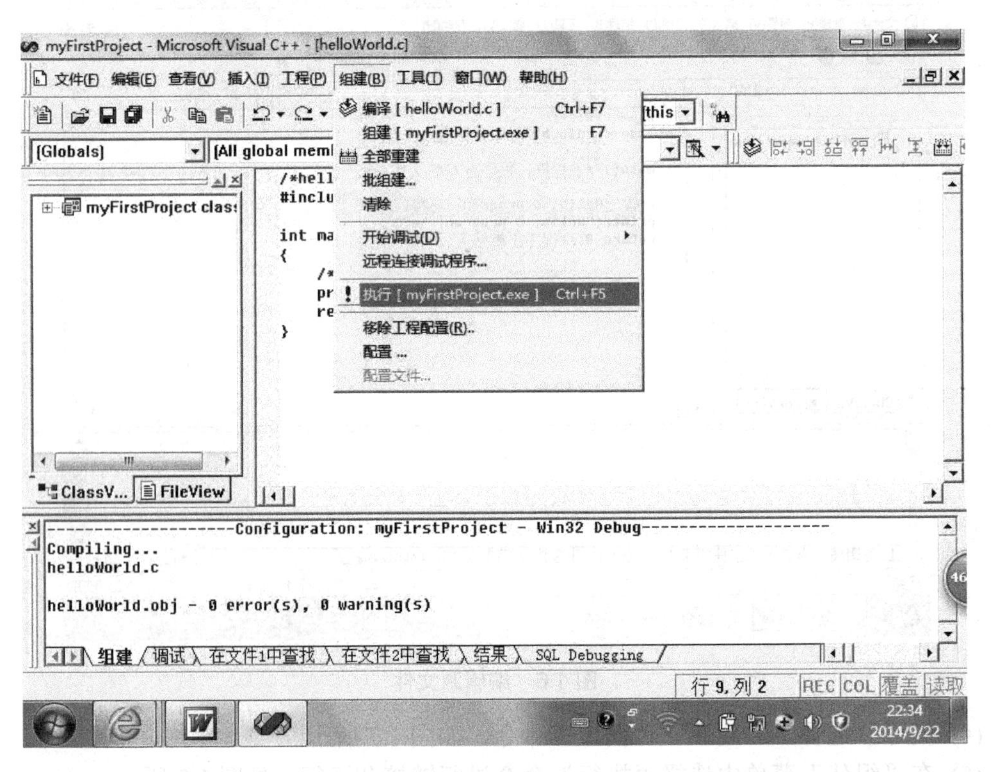

图 1.8　运行程序

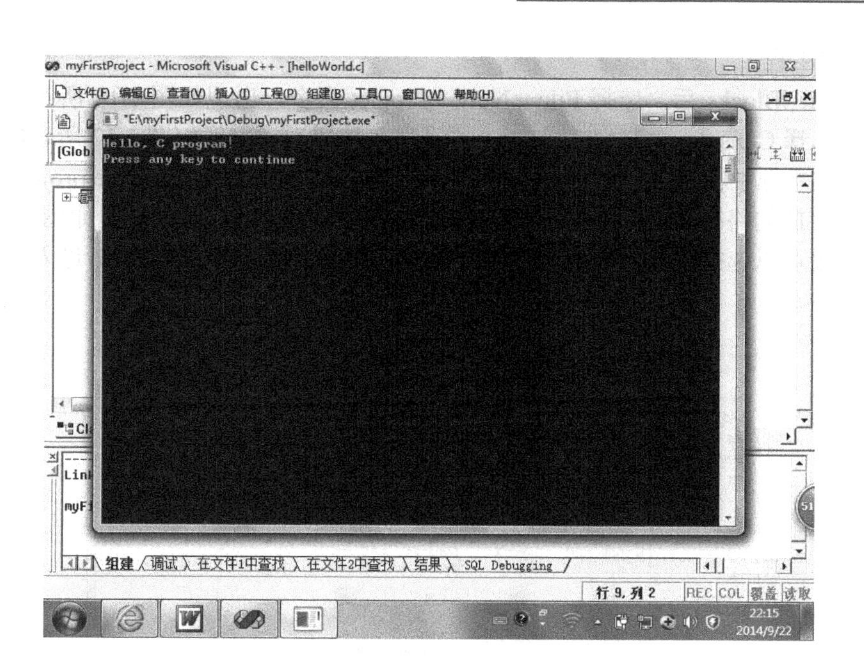

图 1.9　运行结果

2) Code::Blocks 运行环境

Code::Blocks 是一个开源、免费、跨平台(支持 Windows、GNU/Linux、Mac OS X 以及其他类 UNIX)、支持插件扩展的 C/C++集成开发环境。Code::Blocks 的源码使用 GPL3.0 发布，是免费自由软件。Code::Blocks 由纯粹的 C++语言开发完成，它使用了著名的图形界面库 wxWidgets(2.6.2 unicode)版。下面介绍使用 Code::Blocks 编写一个简单的 C 程序，该程序输出“Hello, C program!”。步骤如下。

(1) 启动。界面如图 1.10 所示。

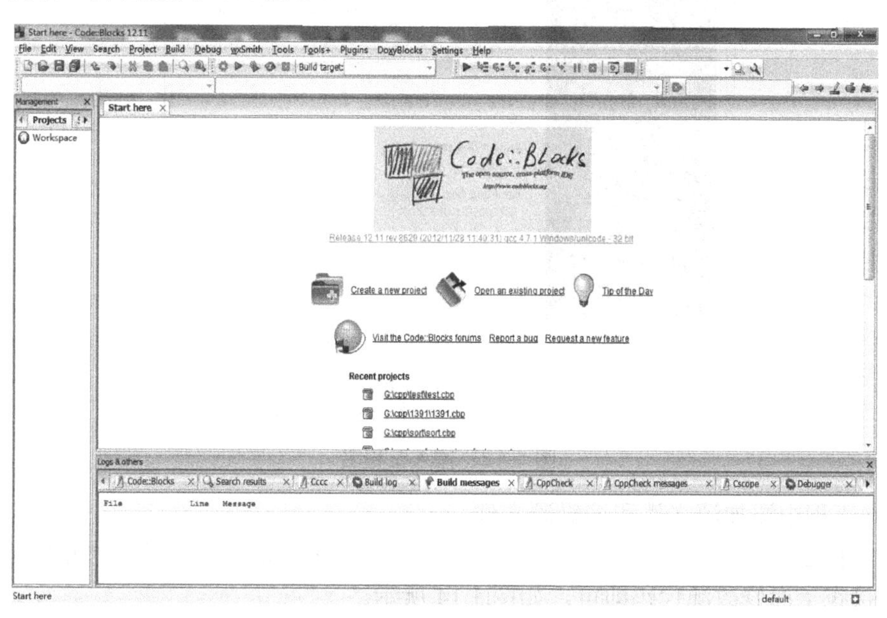

图 1.10　Code: :Blocks 启动界面

(2) 创建工程。

启动 Code::Blocks 后，选择 File→New→Project 命令，出现如图 1.11 所示的选择模板界面。然后选择 Console application 图标，单击 Go 按钮后，出现如图 1.12 所示的界面，在 Project title 文本框中输入工程的名字(这里输入了 first)，在 Folder to create project in 文本框中输入工程存放的路径(这里存放在“G:\cpp”下)，单击 next 按钮，出现如图 1.13 所示的界面。在这里可以选择编译器以及调试、发布的目录。单击 Finish 按钮，进入到程序编辑界面。

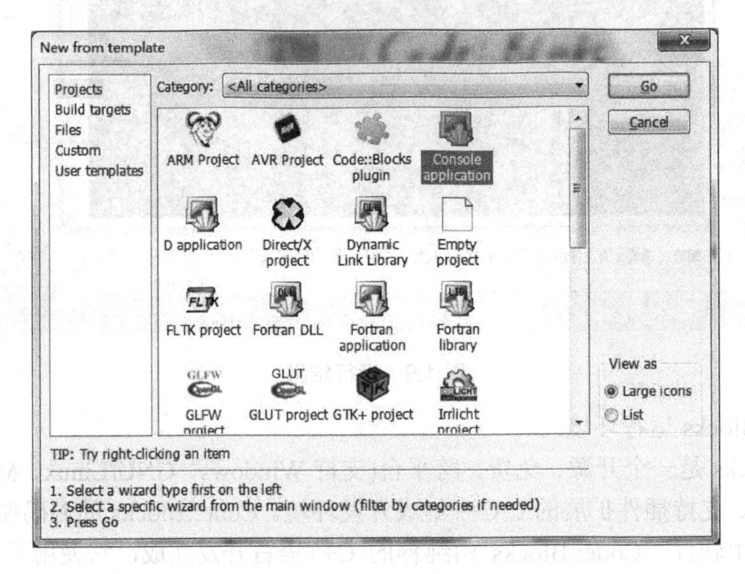

图 1.11 选择模板

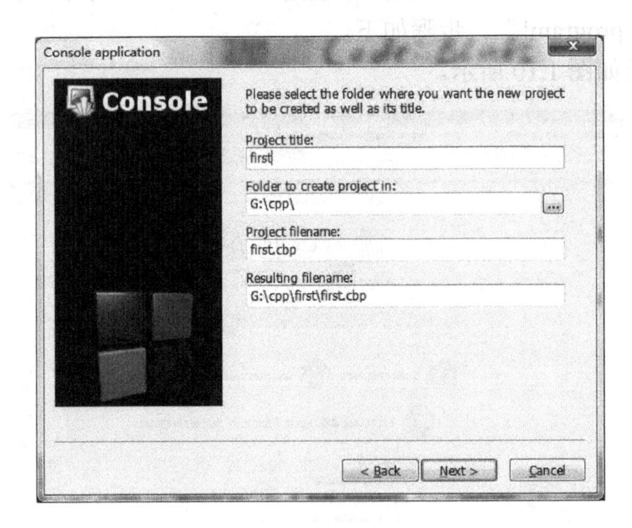

图 1.12 输入工程名

(3) 向工程中添加源文件和编辑源文件。

工程文件建立后，Code::Blocks 会自动生成一个叫 main.c 的源文件，如果只是单文件工程，直接在上面修改源代码即可，如图 1.14 所示。

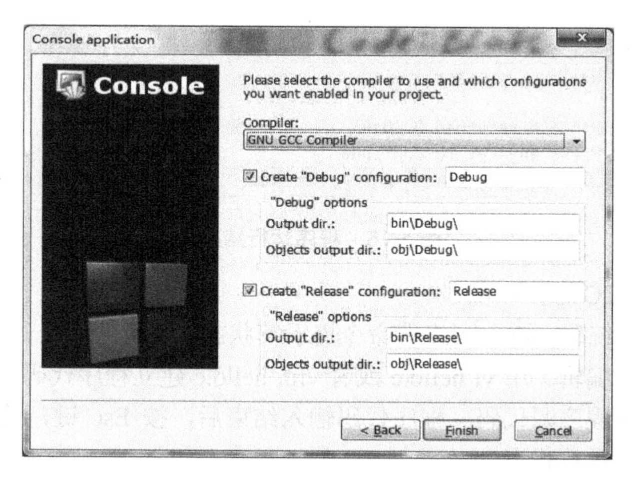

图 1.13　选择编译器和设置调试发布目录

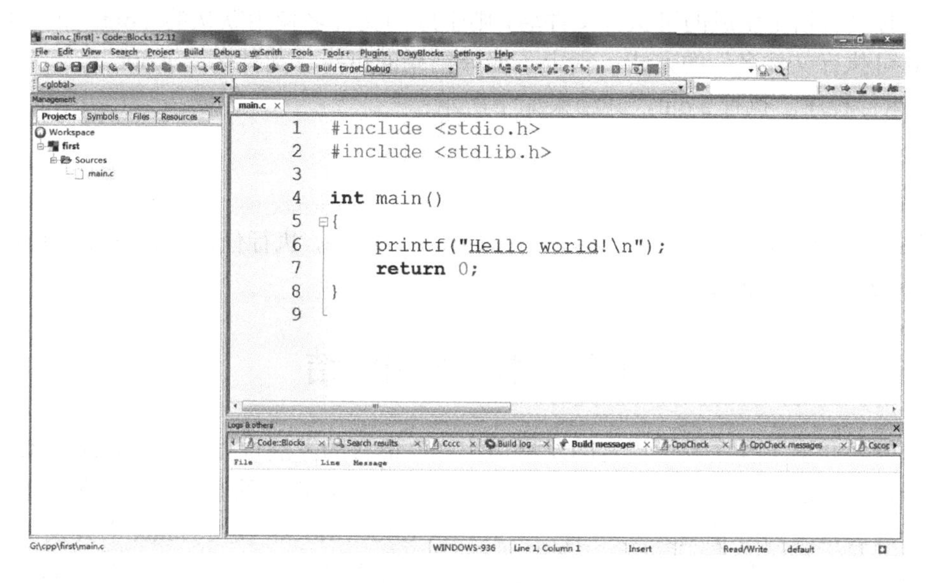

图 1.14　编辑源文件

(4) 编译文件或构建工程。

在 Code::Blocks 环境下，既可以单独编译(Compile)一个当前的文件(快捷键为 Ctrl+Shift+F9)，又可以构建(Build)一个工程，通过编译、运行工具条上的齿轮按钮(快捷键为 Ctrl+F9)来完成，如图 1.15 所示。

图 1.15　编译、运行工具条

(5) 运行。

在 Code::Blocks 环境下，通过构建工程后，就可以运行程序了，在如图 1.15 所示的工具条中单击三角形按钮，或者直接单击齿轮和三角箭头重合的那个按钮，也可以使用快捷键运行程序。本例中的程序运行后的界面如图 1.16 所示。

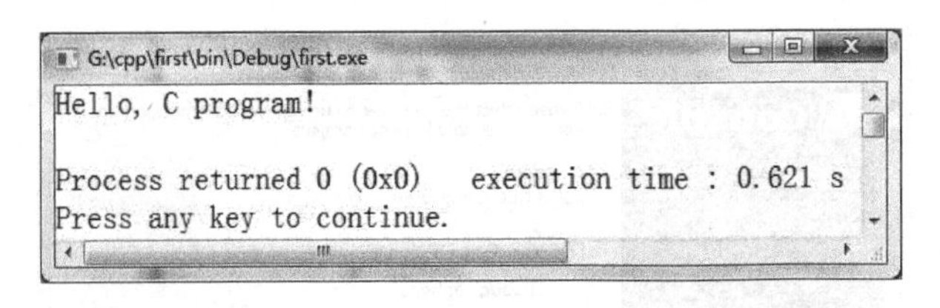

图 1.16　程序运行结果

3) Linux 下的 GCC 运行环境

登录到 Linux 系统后，进入到终端命令提示符状态。

(1) 用 vi 或 vim 编辑。用 vi hello.c 或者 vim hello.c 建立程序代码文件 hello.c。按 I 键进入编辑模式，输入程序源代码。程序代码输入结束后，按 Esc 键，输入指令:wq 存储文件，并退出到命令提示符状态。

(2) 用 g++来编译程序。编译方法为：$g++ hello.c 或者用$g++ hello.c-o a.out，前一种方法编译时没有指定生成的可执行文件名，则生成的文件名使用默认的 a.out，第二种方法，使用“-o 可执行文件名”的方式，指定了编译结果的可执行文件名是 a.out。

(3) 运行程序。执行 a.out，其结果如下所示：

```
$ ./a.out
Hello, C program!
```

请注意，文件名前要加上“./”，这是因为在 Linux 中，执行任何文件都需要指定目录，而“./”代表目前所在的目录。

1.5　本 章 小 结

本章概要介绍了程序设计语言的发展历史，C 语言的发展过程，详细介绍了 C 语言的开发过程，并通过分析具体的实例，提前了解一个 C 语言程序的基本框架，最后有针对性地介绍了当前常用的 C 语言开发环境——VC++、Code::Blocks 以及 Linux 下开发 C 语言程序的基本过程，目的是帮助大家对 C 语言程序有一个初步的了解，为进一步学习程序设计作铺垫。

1.6　上 机 实 训

1. 实训目的

练习 C 语言开发的基本过程。

2. 实训内容及代码实现

问题：在屏幕上输出一个字符串：“I am a student.”。

程序代码如下(ch01-2.c)：

```
/*ch01-2.c*/
```

```
#include <stdio.h>

int main()
{
printf("I am a student.\n");
return 0;
}
```

1.7　习　　题

1．了解程序设计语言的发展历史，关注当前流行的开发语言。

2．一个 C 语言程序的开发步骤主要包括哪些？

3. 在 C 语言程序中，main 函数的位置(　　)。

A. 必须在最开始　B. 必须在预处理指令的后面　C. 可以任意　D. 必须在最后

4. 对于 C 程序，下列说法中正确的是(　　)。

A. 不区分大小写字母　　B. 一行只能写一条语句

C. 一条语句可分成几行书写　　D. 每行必须有行号

5. C 语言程序文件名的后缀为(　　)。

A. .c　　B. .cpp　　C. .obj　　D. .exe

6. 在编写程序过程中，编译的主要工作是(　　)。

A. 检查程序的语法错误　　B. 检查程序的逻辑错误

C. 检查程序的完整性　　D. 生成目标文件

7. 计算机硬件能识别的语言是(　　)。

A. 汇编语言　　B. 低级语言　　C. 机器语言　　D. 编译程序

第2章　C程序设计入门

本章要点

- C程序的框架、数据的输入;
- C语言中简单的算术运算;
- 数据的输出;
- 常量、宏定义;
- 源程序的书写格式。

本章难点

- 将数据的输入、算术运算、数据的输出结合起来编程;
- 按指定格式进行输入输出操作时格式控制符与变量的匹配。

对于一个从未接触过C语言编程的初学者而言，进入这个语言环境，动手实践是最为重要的。本章通过介绍几个简单的编程实例，带领初学者感受一下编程的实际过程，通过定义数据、简单计算、输入、输出就可以处理一些简单数学计算类的编程问题。通过这个过程，帮助初学者对程序设计很快入门。

2.1　程序举例：两个数相加

任何一种高级语言都有一个关于程序的基本框架结构。相对而言，C 语言的框架显得颇为简单。以下便是C程序的框架。

```
int main()
{
    ⋮
    return 0;
}
```

程序说明：

(1) main()表示主函数，该函数的类型是 int，该函数无参数，但 main 后面的小括号()不能省略。int main()表示 main 函数的函数头。

(2) main()后面跟着一对大括号，这对大括号里括的就是语句的序列，构成了 main 函数的函数体。

(3) 大括号中的最后一条语句 return 0;表示 main 函数执行结束后返回一个整数0值。当这条语句执行完后，整个 main 函数的运行就结束了，而且整个程序也就终止运行了。

(4) 任何一个C程序都必须并且只能拥有一个 main 函数，因为程序的执行总是从 main 函数开始的，并且在 main 函数完成后结束。

【例 2-1】两个数相加(常量)：给出两个常数，进行两个数相加，例如计算 2+3。

程序代码如下(ch02-1.c)：

```
/* ch02-1.c*/
#include<stdio.h >                //包含 ANSI C 头文件

int main()                        //主函数
{
   printf("2+3=%d\n",2+3);        //输出 2+3 的结果
   return 0;                      //main 函数结束
}
```

程序运行结果：

```
2+3=5
```

程序说明：

(1) 注释。程序中加入适当的注释是非常重要、非常有价值的，因为这些注释可以为用户阅读程序提供帮助，以增加程序的可读性。实际上，适当的注释是高质量源代码的一部分。C 语言的注释有两种。

① /*……*/表示注释从“/*”开始到“*/”结束，可以注释多行。

② //……表示注释从“//”开始，直到行尾结束。

(2) #include 表示编译预处理命令。

(3) #include<stdio.h>表示包含头文件 stdio.h 的内容到新建的程序中去。

(4) main()表示 main 函数，该函数的所有语句序列在其后的一对大括号{}中。

(5) printf("2+3=%d\n",2+3);表示输出“2+3”的结果，其中 printf 是格式化输出函数，完成输出功能。输出时用“2+3”的值替换“%d”，“\n”表示换行。

例 2-1 只能对两个常数进行相加，如果相加的两个数发生了变化，必须修改程序的语句，很不方便。如果能够在程序中定义出两个变量来存放两个数据，然后再进行相加，这样更加贴近实际需求。

【例 2-2】两个数相加(变量)：输入任意两个数，进行两个数相加。

程序代码如下(ch02-2.c)：

```
/* ch02-2.c */
#include<stdio.h>                     //包含 ANSI C 头文件
int main()                            //主函数
{
   int a,b;                           //定义两个变量 a,b
   int sum;                           //定义和 sum
   scanf("%d,%d",&a,&b);              //输入 a,b
   sum=a+b;                           //计算 a+b，将结果存入 sum
   printf("%d+%d=%d\n",a,b,sum);      //输出 a+b 的结果
   return 0;
}
```

程序运行结果：

```
1,2
1+2=3
```

程序说明：

(1) 与程序 ch02-1.c 中相同的语句不再另做说明。

(2) int a,b;定义两个 int 类型(整型)变量 a、b，用来保存两个整数。

(3) int sum;定义 int 类型变量 sum，用来保存两个整数 a+b 的结果。

(4) scanf("%d,%d",&a,&b); 调用格式输入函数 scanf 从键盘上输入两个整数并分别存放在 a 和 b 中。键盘输入的两个数之间用逗号(,)分隔。

(5) printf("%d+%d=%d\n",a,b,sum); 输出“a+b”的结果，输出时用 a、b、sum 依次替换"%d+%d=%d"中的“%d”，“\n”表示输出后换行。

实际上，程序 ch02-2.c 的语句序列非常有代表性，它表示了 C 程序的编程框架。

```
int main()
{
    定义数据→int a,b,sum;
    输入数据→scanf("%d,%d",&a,&b);
    处理数据→sum=a+b;
    输出数据→printf("%d+%d=%d\n",a,b,sum);
}
```

其中定义数据涉及数据的类型及常量、变量等概念，在第 3 章中详细介绍。本章接下来的内容恰好围绕输入数据(2.2 节)、处理数据(2.3 节)和输出数据(2.4 节)展开，初学者掌握了这几个内容之后就可以上手编写一些简单的 C 程序了，你会感觉到编写程序并没有想象的那么难。

2.2 数据的输入

从键盘、磁盘等外部设备向计算机传入数据称为“输入”，而 C 语言没有相应的输入语句，完成数据的输入是由标准库函数来完成的。这些标准库函数是在一个名为 stdio.h 的头文件中声明的，在 C 程序中，可以使用编译预处理命令“#include”将头文件包含进来，形式为：

```
#include<stdio.h>或#include"stdio.h"。
```

一般格式是：

scanf(控制串，地址表达式 1 [，地址表达式 2，……，地址表达式 n]);

控制串(或叫格式串)包含有以“%”开头加格式码组成的格式串。控制串是用双引号括起来的输入格式控制说明。地址表达式所列出的应当是变量的地址，而不是变量名。每个地址表达式的值，对应于前面控制串中某一格式变量的地址。如:

```
int number;
scanf("%d", &number);
```

其中，“%d”表示应以整型格式输入，&number 表示指向 number 的地址。

说明：

(1) 控制串中的非空白符，例如：

```
scanf("%d, %d", &i, &j);
```

上式中“%d”之间有逗号，输入时也应加逗号。

(2) 格式串中可以修改控制域宽，例如：

```
%20s 就只取前 20 个字符
%s 取全串
```

(3) 可以输入实型数据，例如：

```
float average;
scanf("%f", &average);
```

其中，“%f”表示应以浮点型格式输入，&average 表示指向 average 的地址。

(4) scanf 格式串中的其他用法，如表 2.1 所示。

表 2.1　函数 scanf( )的格式转换说明符

格式转换说明符	用　法
%d 或%i	输入十进制数
%o	输入八进制数
%x	输入十六进制数
%c	输入一个字符，空白字符(包括空格、回车、制表符)也作为有效字符输入
%s	输入字符串，遇到第一个空白字符(包括空格、回车、制表符)时结束
%f 或%e	输入实数，以小数或指数形式输入均可
%%	输入一个百分号%

下面通过几个小程序来熟悉 scanf 的用法。

【例 2-3】从键盘上输入 a、b、c，并输出 a、b、c 的值。

程序代码如下(ch02-3.c)：

```
/* ch02-3.c */
#include<stdio.h>                          //包含 ANSI C 头文件
int main()
{
    int a,b,c;                             //定义 3 个整数 a,b,c
    scanf("%d%d%d",&a,&b,&c);              //从键盘输入 a,b,c
    printf("a=%d,b=%d,c=%d",a,b,c);        //输出 a,b,c 的值
    return 0;
}
```

程序运行结果：

```
3 4 5
a=3,b=4,c=5
```

说明：

(1) 输入：

① 3

4

5

或　②3 4 5

结果：a=3,b=4,c=5

(2) 输入语句改为：scanf(“%d,%d,%d”,&a,&b,&c);

输入：3, 4, 5

(3) 输入语句改为：scanf(“a=%d,b=%d,c=%d”,&a,&b,&c);

输入：a=3,b=4,c=5

【例 2-4】从键盘上输入 a、b、c，并输出 a、b、c 的值。

程序代码如下(ch02-4.c)：

```
/* ch02-4.c */
#include<stdio.h>                                    //包含 ANSI C 头文件
int main( )
{
    int a;                                           //定义整型数据 a
    char b;                                          //定义字符型数据 b
    float c;                                         //定义实数据 c
    printf("input a b c:");                          //输出提示输入数据的信息
    scanf("%d%c%f",&a,&b,&c);                        //从键盘输入 a,b,c
    printf("a=%d,b=%c,c=%f\n",a,b,c);                //输出 a,b,c 的值
  return 0;
}
```

程序运行结果：

```
input a b c:1f2.33
a=1,b=f,c=2.330000
```

说明：

(1) 输入：12r135.67

结果：a=12,b=r,c=135.67

(2) 不能这样输入：

① 12 r 135.67

② 12

r

135.67

这是因为：系统会将输入的空格和回车也当作字符，赋给变量。

【例 2-5】从键盘上输入 a、b、c，并输出 a、b、c 的值。

程序代码如下(ch02-5.c)：

```
/* ch02-5.c */
#include<stdio.h>                               //包含 ANSI C 头文件
int main( )
{
   int a;                                       //定义整型数据 a
```

```
    float b,c;                              //定义实型数据b,c
    scanf("%2d%3f%4f",&a,&b,&c);            //输入a,b,c，输入数据时有宽度控制
    printf("a=%d,b=%f,c=%f",a,b,c);         //输出a,b,c
    return 0;
}
```

程序运行结果：

```
12345678987654321
a=12,b=345.000000,c=6789.000000
```

2.3 C语言中的算术运算

2.3.1 C语言中算术运算符

算术表达式由变量、常量及算术运算符构成。在C语言中算术运算符有：

+(加)、 -(减) 、 *(乘)、 /(除)、 %(模) 、++(自增)、--(自减)

说明：

(1) +，-，*，/为四则运算符，和日常概念没有区别，其中“*”和“/”优先于“+”和“-”。

(2) “%”为取模(Modulus)运算符，是针对整数运算，即取整数除法之后，所得到的余数，例如：

10%3=1　　即10对3取模，结果为1。

13%8=5　　即13对8取模，结果为5。

(3) “--”为自减1，“++”为自增1。

n++或++n都表示变量n自增1，最终结果与n=n+1等效。但处理过程却有所区别。

① ++n，先自增，后引用。表示n先自增1，然后进到具体的式子中运算；

② n++，先引用，后自增。表示n本身先进入式中运算，最后n再增1。

例如：已知n=6，则

m=++n；结果为：m=7，n=7

m=n++；结果为：m=6，n=7

n--与--n的情况类似。

2.3.2 数据类型与运算结果的关系

(1) 同类型数据运算结果仍保持原数据类型。

整型数的除法得到的结果仍是整型数，小数部分将被去掉，例如：

5/2=2

浮点数的除法得到的仍是浮点数，例如：

5.0/2.0=2.5

(2) 不同数据类型混合运算，精度低的类型往精度高的类型转换后，再做运算。这样，

可保证运算结果不损失精度。例如：

5.0/2=2.5

2.4 数据的输出

从计算机向显示屏、打印机等外部设备传出数据称为“输出”，而C语言没有相应的输出语句，和输入一样完成数据的输出也是由标准库函数来完成的。同scanf函数一样这些标准库函数是在一个名为stdio.h的头文件中声明的，在C程序中，可以使用编译预处理命令#include将该头文件包含进来。

一般格式是：

```
printf ("控制串" [，表达式1，…，表达式n])；
```

控制串(或格式串)是用双引号括起来的输出格式控制说明。控制串中每一个变量都应当与后面相应的某个表达式对应。

控制串分两部分，即：要显示的字符和格式串。格式串以“%”开头，后跟格式码。格式串与参数一一对应。含有不同格式码的格式串表示显示不同的内容，如下所示：

%c　显示字符；

%s　显示字符串；

%d　以十进制格式显示整数；

%o　以八进制格式显示整数；

%x　以十六进制格式显示整数；

%u　显示无符号整数；

%f　显示浮点数；

%e　以科学计数法显示数字。

格式码前可加修饰以便更好地控制显示格式，主要有：

(1) 字符宽度控制，例如：

%4d　显示十进制整数，至少给4个数字位置；

%10s　显示字符串，至少给10个字符位置。

(2) 精度控制，例如：

%10.4f　显示浮点数，共占10位，小数点后取4位；

%5.7s　显示字符串，最少占5位，最多占7位。

(3) L或h

%Ld　显示十进制长整数；

%hd　显示十进制短整数；

%Lf　显示双精度浮点数。

(4) 显示位置默认为右对齐，若加负号(即“-”)，则为左对齐，例如：

%d　右对齐显示十进制整数；

%-d　左对齐显示十进制整数。

下面通过几个简单的例子看一下printf的用法。

【例 2-6】计算所给数据之和的三分之一，并输出结果。

程序代码如下(ch02-6.c)：

```
/* ch02-6.c */
#include<stdio.h>                                      //包含 ANSI C 头文件
int main()
{
   float value1,value2,value3;                              //定义数据类型
   value1=2.3;
   value2=4.5;
   value3=6.7;                                     //给各变量赋值
   printf("The average of %f and %f and %f is %f \n",
   value1,value2,value3,(value1+value2+value3)/3.0); //输出和的 1/3 的结果
   return 0;
}
```

程序运行结果：

```
The average of 2.300000 and 4.500000 and 6.700000 is 4.500000
```

%d 和%f 表示在相应的位置显示的数据类型，且一一对应。%d 表示要显示整型数，%f 表示要显示浮点型数。

【例 2-7】求所给数据的算术平方根并输出结果。

程序代码如下(ch02-7.c)：

```
/* ch02-7.c */
#include<stdio.h >
#include<math.h>
int main()
{
    float a;                                    //定义数据类型
    scanf("%f",&a);                             //输入数据
    printf("The result is %2f \n",sqrt(a)); //求所给数据的算术平方根并输出
    return 0;
}
```

程序运行结果：

```
4
The result is 2.000000
```

2.5　程序举例：计算圆的面积

2.5.1　常量

常量：就是其值不能被改变的量，它相当于数学中的常数。

(1) 字面常量，如表达式 sum=2+3 中的 2、3。

(2) 符号常量，可用宏定义命令#define 来定义一个常量的标识，且一旦定义后，该标

识符将永久代表此常量，常量标识符一般用大写字母。这里提到的宏定义在 2.5.2 节中详细介绍。

符号常量定义的一般格式为：

```
#define 常量标识符  数值
```

【例 2-8】计算圆的面积。

程序代码如下(ch02-8.c)：

```
/* ch02-8.c */
#include<stdio.h>                    //包含 ANSI C 头文件

#define PI 3.14159                   //定义 PI 为符号常量，PI 的值为 3.14159
int main()
{
    float r;                         //定义 r 为圆的半径
    float s;                         //定义 s 为圆的面积
    scanf("%f",&r);                  //输入圆的半径
    s=PI*r*r;                        //计算圆的面积
    printf("圆的面积=%f\n",s);        //输出圆的面积
    return 0;
}
```

程序运行结果：

```
2.0
圆的面积=12.566360
```

2.5.2 宏定义

1. 宏定义的形式

在 C 程序中允许用一个标识符来表示一个字符串，称为“宏”。被定义为“宏”的标识符称为“宏名”。在编译预处理时，对程序中所有出现的“宏名”，都用宏定义中的字符串去代换，这称为“宏代换”或“宏展开”。宏定义是由程序中的宏定义命令完成的。宏代换是由预处理程序自动完成的。宏定义的一般形式如下：

```
#define 标识符 字符串
```

其中的“#”表示这是一条预处理命令。凡是以“#”开头的均为预处理命令。“define”为宏定义命令。“标识符”为所定义的宏名。“字符串”可以是常数、表达式、格式串等。在前面介绍过的符号常量的定义就是一种宏定义。

可以使用宏定义声明常量，例如：#define PI 3.14159

也可以对程序中反复使用的表达式进行宏定义，例如：

```
# define M (y*y+3*y)        //将表达式(y*y+3*y)定义为 M。
```

在编写源程序时，所有的(y*y+3*y)都可由 M 代替，而对源程序作编译时，将先由预处理程序进行宏代换，即用(y*y+3*y)表达式去置换所有的宏名 M，然后再进行编译。

2. 使用宏定义编程

【例 2-9】举例说明宏定义的使用。

程序代码如下(ch02-9.c)：

```
/* ch02-9.c */
#include<stdio.h>
#define M (y*y+3*y)           //宏定义，将表达式(y*y+3*y)定义为宏 M。
int main()
{
    int s,y;
    printf("input a number: ");
    scanf("%d",&y);
    s=3*M+4*M+5*M;          //用(y*y+3*y)置换所有的宏 M。
    printf("s=%d\n",s);
    return 0;
}
```

程序运行结果：

```
input a number: 2
s=120
```

上例程序中首先进行宏定义，定义 M 为表达式(y*y+3*y)，在 s=3*M+4*M+5* M 中作了宏调用。在预处理时经宏展开后该语句变为：s=3*(y*y+3*y)+4*(y*y+3*y)+5*(y*y+3*y); 但要注意的是，在宏定义中表达式(y*y+3*y)两边的括号不能少。否则会发生错误。当作以下定义后：#difine M y*y+3*y 在宏展开时将得到下述语句：s=3*y*y+3*y+4*y*y+3*y+5*y*y+3*y; 显然与原题意要求不符。计算结果当然是错误的。因此在作宏定义时必须十分注意。应保证在宏代换之后不发生错误。

3. 使用宏定义的注意事项

(1) 宏定义是用宏名来表示一个字符串，在宏展开时又以该字符串取代宏名，这只是一种简单的代换，字符串中可以含任何字符，可以是常数，也可以是表达式，预处理程序对它不作任何检查。如有错误，只能在编译已被宏展开后的源程序时发现。

(2) 宏定义不是说明或语句，在行末不必加分号，如加上分号则连分号也一起置换。

(3) 宏定义必须写在函数之外，其作用域为宏定义命令起到源程序结束。如要终止其作用域可使用# undef 命令，例如：

```
# define PI 3.14159      //定义 PI
int main()
{
  …
}
# undef PI               //取消 PI 的定义，表示 PI 只在 main 函数中有效。
```

(4) 宏名在源程序中若用引号括起来，则预处理程序不对其作宏代换。

```
#define OK 100
int main()
```

```
{
    printf("OK");
    printf("\n");
    return 0;
}
```

上例中定义宏名 OK 表示 100，但在 printf 语句中 OK 被引号括起来，因此不作宏代换。程序的运行结果为：OK 这表示把“OK”当字符串处理。

(5) 习惯上宏名用大写字母表示，以便于与变量区别，但也允许用小写字母。

2.6 源程序的书写格式

通过以上分析，可以总结出 C 程序的特点及书写格式如下。

(1) C 程序是由函数构成的，一个 C 源程序至少包含一个 main 函数，也可以包含一个 main 函数和若干个其他函数。

(2) 一个 C 程序总是从 main 函数开始执行的，而不论 main 函数在程序中的位置。

(3) C 程序书写格式自由，一行内可写几个语句。

(4) C 程序中，每个语句和数据定义的最后必须有一个分号。

(5) C 语言本身没有输入输出语句，输入输出是由函数完成的。

(6) 可以对程序中的任何部分作注释，没有注释的程序不能算是合格的程序。初学者一定要建立这样的观念：程序是为别人编的，让大家看懂是首要的。特别是将来你可能参加一个团队，几十人甚至几百人一起合作编程，相互协同，就更应该将注释写得清清楚楚、明明白白。因此，程序的注释内容可以有如下一些：程序的名称，程序要实现的功能，程序的思路，编程的人，编程的时间等。对于初学者来说，最好每条语句都加上注释，注明这条语句的作用。

2.7 本 章 小 结

本章的内容是精心准备的，只要照着做就可以掌握了，目标就是带领大家一边编写几个简单的小程序，一边掌握编程的一些基本知识，从而尽快对程序设计入门。

我们先带领大家编写“两个数相加”的程序，然后引出编程时如何输入数据、处理数据、输出数据，再带领大家编写“计算圆面积”的程序，从中引出如何定义常量、如何进行宏定义，最后总结了 C 程序的书写格式。大家可以看出，这些内容环环紧扣，逐步展开。而这些内容的提出都非常自然，都是源于编程问题的需求，这样的话，大家可以从根本上理解和掌握这些基本的编程知识在哪里使用、怎样使用。

2.8 上机实训

2.8.1 实训1 a+b的输入输出练习

1. 实训目的

练习基本的输入输出，以及如何控制输出格式的任务。

2. 实训内容及代码实现

任务描述：
计算 a+b.
输入：
输入数据包括若干个整数对 a、b，每行一对整数，两个整数之间由空格分隔。
输出：
对于每组输入数据 a、b，输出 a+b，并用空行分隔。
输入样例：

```
1 5
10 20
```

输出样例：

```
6

30
```

问题分析：注意输出结果之间要有一个换行。
程序代码如下(ch02-10.c)：

```
/* ch02-10.c */
#include <stdio.h>

int main()
{
    int a , b , sum  ;
    scanf("%d%d",&a,&b) ;
    sum = a + b ;
    printf("%d\n\n",sum) ;
    return 0;
}
```

2.8.2 实训2 输出练习

1. 实训目的

练习基本的输入输出，以及如何控制输出格式的任务。

2. 实训内容及代码实现

任务描述：

请参照本章例题，编写一个 C 程序，输出以下信息：

```
**************************
Hello World!
**************************
```

输入：

无须输入

输出：

```
**************************
Hello World!
**************************
```

输入样例：(无)

输出样例：

```
**************************
Hello World!
**************************
```

问题分析：

(1) Hello 与 World 之间有一个空格

(2) “*”也是输出的一部分，别光打印 Hello World!

程序代码如下(ch02-11 .c)：

```
/* ch02-11.c */
#include <stdio.h>

int main()
{
   printf("**************************\n") ;
   printf("Hello World!\n") ;
   printf("**************************\n") ;
   return 0;
}
```

2.9 习　　题

1. 以下程序的输出结果为______。

```
#include<stdio.h>
int main()
{
     int a = 2,c = 5;
     printf("a=%%d,b=%%d\n",a,c);
```

```
    return 0;
}
```

A. a= %2，b= %5　　　　B. a= 2, b= 5

C. a=%%d, b=%%d　　　　D. a=%d,b=%d

2. 下面的变量名中哪些是合法的？

```
A&b  abc123  abc%  AbC  a_b_c
int  _abc  123abc  a\b?c
a bc  a*bc   'a'bc
```

3. 指出下面的变量定义哪些是正确的，哪些是不正确的，为什么？

(1) int i,j;

(2) float a,b;

(3) int a,b;float a,b;

(4) float a,int b;

(5) char 'a';

4. 参照本章例题，编写一个C语言程序，输出以下信息：

```
***************
Nice to meet you!
***************
```

第3章　C程序数据的基本运算

本章要点

- 数据类型；
- 常量包括整型常量、实型常量、字符常量、字符串常量；
- 变量基本类型，类型修饰符及其变量的定义；
- 基本运算的运算符，运算符的优先级和结合性，表达式及运算规则；
- 不同类型数据之间的转换，包括基本类型转换和强制类型转换。

本章难点

- 类型修饰符及其变量的定义；
- 运算符的优先级和结合性的理解。

现实生活中万事万物都可根据需要抽象成为数据，也正是有了数据，计算机才有了处理对象，这样才能解决实际问题。但是初学计算机语言的人往往只把数据局限到数学中的“数字”上，其实这是非常不全面的，随着计算机知识的深入学习，我们会知道数据不只是包括数字，它还包括声音图像等抽象的信息。既然数据如此重要，我们很有必要对数据的类型、数据的运算有一个全面的了解，从而编写更加实用的程序，解决更加复杂的问题。

本章主要讲解数据类型、常量、变量、基本运算及类型转换。虽然内容繁多，知识琐碎，而且不太容易理解，但是这些都是程序设计的基础，我们要想打好程序设计的基础，必须努力把这一章学好。

3.1　数 据 类 型

一个计算机程序主要包括两方面的内容：一是程序实现的操作步骤(算法)，二是程序实现的操作对象(数据)。

在高级语言中，引入数据类型的概念。数据类型反映两方面的内容：它的数据能被如何表示(它的所有表示构成了数据类型的集合)和如何处理它的值(它的所有处理方法构成了数据类型的操作集合)。

C 语言包含的基本数据类型有：整型(short int、int、long int)；实型(float、double、long double)；字符型(char)和枚举类型。此外，可以使用数组、结构体、共用体等数据类型的构造方式，从基本数据类型和指针类型出发，构造出各种复杂的数据类型。

C 语言的数据类型如图 3.1 所示。

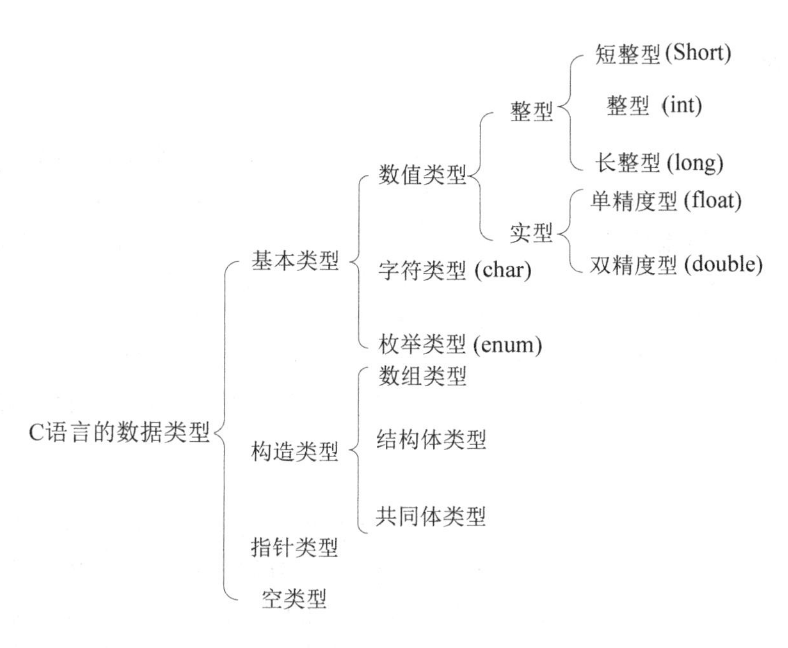

图 3.1　C 语言的数据类型

3.2 常　　量

在程序运行过程中，其值不能改变或不允许改变的数据对象，称为常量。常量按其值的类型来区分它的类型，在 C 语言中，常量有数值(可分为整型和实型)、字符和字符串三种。在程序中，常量不需要说明就可以直接使用，这种常量也叫字面常量。在 C 语言中还可以使用另一种形式的常量，叫符号常量，由于符号常量的内容在第 2 章已经介绍过，所以本节的内容主要介绍字面常量的用法。

1. 整型常量

整型常量也称为整型常数或整数。C 语言中整型常量按进制分可分为十进制整数、八进制整数和十六进制整数。

1) 十进制整数

十进制数：以正负号开头，后跟 0～9 的若干位数字构成。如 123、-456、0 等。

2) 八进制整数

八进制数：以正负号开头，第一位数字一定是 0，后面跟 0～7 的数字。如 0123、054 等。八进制数 0123 相当于十进制数 83；八进制数-012，相当于十进制数-10。

3) 十六进制整数

十六进制数：以正负号开头，前两位为 0x，后面跟 0～9 和 a～f 的数字。其中 a 代表 10，b 代表 11，其余类推。如十六进制数 0x123，相当于十进制数 291；十六进制数-0x12，相当于十进制数-18。

2. 实型常量

1) 小数形式

一个实数可以是正负号开头，有若干位0～9的整数，后跟一个小数点(必须有)，再有若干位小数部分。如123.456、−21.37。数12用实数表示必须写成12.0或12.。

一个实数有数值范围和有效位数的限制。实数的数值范围(指绝对值)是 $3.4\times10^{-38}\leqslant|x|\leqslant3.4\times10^{38}$，当小于 3.4×10^{-38} 时按0对待(下溢)，而大于 3.4×10^{-38} 时则上溢，一个溢出的数是无意义的。实数仅有7位有效数字，超过七位的将是不精确的。

如1.2345678，在计算机内仅保留为1.234567，第八位数无法保留而失去，并不是第八位向第七位四舍五入。当上面的数要求用五位小数表示时，则表达为1.23457，即第七位向第六位四舍五入。

2) 指数形式

实数的指数形式也称为科学计数法。一个实数的指数形式分成尾数部分和指数部分。尾数部分可以是整数形式或小数形式，指数部分是一个字母“e”后跟一个整数。如123e+01，−456.78e−01，0e0等。由于实数仅有7位有效数字，因此在内存中用三个字节来表示尾数，用一个字节来表示指数，所以指数部分用两位整数来表示。在书写时“e”与“E”完全等价。“e”前面必须有数字，“e”后面必须是整数。

3) 双精度实数

当一个数用实数表达时，仅有七位有效数字，用长整型表达时仅有十位有效数字，实数的数值范围也只能小于 3.4×10^{38}。 当超过以上范围时，我们可以用双精度常量来表达。

双精度(double)常量的取值范围由 $1.7\times10^{-308}\leqslant|x|\leqslant1.7\times10^{308}$，有效位可达16位左右。一个数当超过长整型数表达范围或超过实数表达范围时均按双精度常量对待。一个双精度常量在内存中占8个字节。

长双精度(long double)常量取值范围在 $10^{-4931}\sim10^{4932}$ 之间，有19位有效数字，在内存中占16个字节。但它是由计算机系统决定的，在Turbo C中，与double型一致。

3. 字符常量

在C语言中，字符型数据用于表示一个字符值，但字符数据的内部表示是字符的ASCII代码，并非字符本身。例: 'A' 的值是65，'a'的值是97。注意'A' 和'a'是不同的常量。

字符常量的书写方法是用单引号(' ')括起一个字符，例如：' b '，' r ' 等都是不同的字符常量。

一个字符常量在计算机存储中占一个字节，字符常量中的单引号是定界符，不是字符常量的一部分。

由于字符型常量是以整型编码形式存放的，所以可以参与各种运算。例如：

y='b'+10;

相当于

y=98+10;　　结果为：108

对于大多数可印刷的字符常量都能用以上方法来表示，但对于一些特殊字符，C语言约定用“\”开头的字符或字符列来标记，我们称之为转义字符，主要用于控制信息。如前多次用到的换行符，用'\n'来标记。采用这种方法就能表示特殊字符，它们的标记方法见

表 3.1。

表 3.1　转义字符及其含义

字符形式	功　能	等效按键	ASCII 代码
\n	换行(LF)	Ctrl+J	10
\t	横向跳格(HT)	Ctrl+I	9
\b	退格(BS)	Ctrl+H	8
\r	回车(CR)	Ctrl+M	13
\F	走纸换页(FF)	Ctrl+L	12
\\	反斜杠字符	\	92
\'	单引号字符	'	39
\"	双引号字符	"	34
\ddd	1～3 位八进制数所代表的字符		
\xhh	1～2 位十六进制数所代表的字符		

例如：字符常量'\101'代表以八进制数 101 为 ASCII 码值对应的字符，即十进制数 65 对应的字符'A'。同样'A'还可以表示成'\x41'。

4. 字符串常量

字符串常量是一对双引号("")括起来的字符序列。字符的个数称为其长度，简称为字符串。例如："how are you"，"C　program"都是字符串常量。

长度为 n 的字符串，在计算机存储器中占 n+1 个字节，分别存放字符的编码，最后一个字节存放是 NULL 字符，也叫空字符，编码为 0，在 C 语言中也用'\0'来表示，也就是说任何一个字符串最后一个存储字节都是'\0'，该字符为字符串结束标记。例如"hello"在计算机中表示形式为：

'h'	'e'	'l'	'l'	'o'	'\0'
104	101	108	108	111	0

特别要注意的是双引号和反斜线字符在字符串中的表示形式同在字符常量中的表示形式，应以"\""和"\\"形式出现。

3.3　变　　量

在程序运行过程中其值可以变化的量称为变量。每一个变量都对应计算机内存中相应的存储单元，在该单元中存放变量的值。

每一个变量都有一个变量名来标识，其命名规则同标识符的命名规则。要注意区分变量名和变量值是两个不同的概念。变量名实际上是一个符号地址，是在编译连接时由系统分配给每一个变量的内存地址。变量的值实际上是这个存储单元中存放的数据。使用变量的时候要注意要把变量名和变量值区分开，这一点非常重要。

C 语言中变量的基本数据类型见表 3.2。

表 3.2　C 语言中变量的基本数据类型

类　型	二进制位长度	值　域
char	8	-128～127
int	32	2147483648～2147483647
float	32	3.4e-38～3.4e+38(绝对值)
double	64	1.7e-308～1.7e+308(绝对值)

说明：

(1) 字符型(char)变量用于存放 ASCII 码字符，也可存放 8 位二进制数。

(2) 整型(int)变量用于存放整数。因其字长有限，故可表示的整数的范围也有限。

(3) 单精度实型(float)和双精度实型(double)变量用于存放实数，实数具有整数和小数两部分或是带指数的数据。

(4) 需要指出的是，不同的计算机，或者不同的操作环境，除了 char 类型的长度固定为一字节外，其他的整数类型的长度有可能是不同的。一般来说，我们用一个整型的长度来表示计算机处理数据的基本单位长度，称为字长(word length)。在编程的时候，一定要注意读者所用到的计算机和操作环境关于字长的规定。我们日常使用的计算机，其字长一般都是 32 位。表 3-2 中列出的数据仅供参考，实际情况以 C 程序所使用的编译环境为准。

3.3.1　类型修饰符

基本数据类型可以带有各种修饰前缀。修饰符用于明确基本数据类型的含义，以准确地适应不同情况下的要求。类型修饰符种类如下：

signed　　有符号
unsigned　无符号
long　　　长
short　　 短

C 语言中基本类型及其修饰符的所有组合如表 3.3 所示。

表 3.3　数据类型、长度、值域对照表

类　型	二进制位长度	值　域
char	8	-128～127
unsigned char	8	0～255
signed char	8	-128～127
int	32	-2147483648～2147483647
unsigned int	32	0～4294967295
signed int	32	-2147483648～2147483647
short int	16	-32768～32767
unsigned short int	16	0～65535
signed short int	16	-32768～32767

续表

类 型	二进制位长度	值 域
long int	32	-2147483648～2147483647
unsigned long int	32	0～4294967295
float	32	3.4e-38～3.4e+38(绝对值)
double	64	1.7e-308～1.7e+308(绝对值)
long double	128	1.0e-4932～1.0e4931(绝对值)

说明：

(1) 不同的计算机系统对各类数据所占内存字节数有不同的规定，如 int 类型有的系统占 16 位，有的占 32 位。long double 型有的占 128 位，有的占 64 位。

(2) 有符号(signed)和无符号(unsigned)的整型量的区别在于它们的最高位的定义不同。如果定义的是有符号的整型(signed int)，C 编译程序所产生的代码就设定整型数的最高位为符号位，其余位表示数值大小。如最高位为 0，则该整数为正；如最高位为 1，则该整数为负。

3.3.2 变量的定义

1. 标识符

在定义变量的时候必须要给变量取个名字，变量的名字就是标识符。此外，在编程的过程中，我们也会为常量、函数、数组来命名，这些也都是标识符。所以，这里先谈谈标识符的问题。

标识符是由字母 A～Z、a～z 和数字 0～9 混合而成的，另外可以加入下划线“_”。不过，所有的标识符必须以字母或者是下划线“_”开头。

下面的例子都是合法的 C 标识符：

print，anObject，sema4，_send2Fax

表 3.4 列出了一些非法的标识符及错误原因。

表 3.4 非法标识符及错误原因

非法标识符	错误原因
32bytes	以数字开头
an Object	包含空格
million $	包含无效符号
nine – five	包含 C 运算符
double	double 是一个 C 关键字，又称保留字

C 语言固有的词汇表里保留了一些词汇，称为关键字(key words)或保留字(reserved words)，它们不能作为用户自定义的标识符使用。下面列出了 C99 的关键字：

auto	enum	restrict	unsigned	break	extern
return	void	case	float	short	volatile

char	for	signed	while	const	goto
sizeof	_Bool	continue	if	static	_Complex
default	inline	struct	_Imaginary	do	int
switch	double	long	typedef	else	register
union					

我们在命名一个标识符的时候，最好遵循一些常用的约定。

取一个有意义的名字。例如，在命名一个用于计数的标识符时，名字 counter 显然好于只把它简单地命名为 c。

如果名字由多个单词组成，那么除了第一个单词外，以后每一个单词的第一个字母用大写，例如 sendToFax。注意，C 语言对字母的大小写是敏感的，例如，object 和 Object 是不一样的。

2. 变量定义

变量定义的一般形式如下：

类型 变量名表;

这里，类型(type)必须是 C 语言的有效数据类型。变量名表可以是一个或多个标识符名，中间用逗号分隔，最后以分号结束。以下是一些变量定义的例子：

```
int i, j, num;
float a, b, sum;
unsigned int ui;
char c, ch, name;
double x, total;
```

3. 变量定义的说明

(1) 变量名可以是 C 语言中允许的合法标识符，用户定义时应遵循“见名知意”的原则，以利于程序的维护。

(2) 每一个变量都必须进行类型说明，这样就可以保证程序中变量的正确使用。未经类型说明的变量在编译时将被指出是错误的，也就是变量要“先定义，后使用”。

(3) 当一个变量被指定为某一确定类型时，将为它分配若干相应字节的内存空间。如 char 型为 1 字节，int 型为 2 字节，float 型为 4 字节，double 型为 8 字节。当然，不同的系统可能稍有差异。

(4) 变量可以在程序内的三个地方定义：在函数内部(如 main()函数)，在函数的参数(形参)定义中或在所有的函数外部(后面的章节再做详细介绍)。

(5) 变量是用来存放数据的，由于数据有不同的类型，因此要定义相应类型的变量去存放它。这些数据称为相应变量的值。

4. 变量的初始化

程序中常需要对一些变量预先设置初值。C 语言规定，可以在定义变量时，使变量初始化。变量初始化只需定义变量时在变量名后面加一赋值号及一个常数。它的一般形式是：

类型 变量名=常数;

以下是几个示例：

```
char ch='a';
int first=0;
float x=123.45;
```

在书写变量说明时，应注意以下几点。

(1) 允许在一个类型说明符后，说明多个相同类型的变量。各变量名之间用逗号间隔。类型说明符与变量名之间至少用一个空格间隔。

(2) 最后一个变量名之后必须以“;”结尾。

(3) 变量说明必须放在变量使用之前。

3.3.3　存储单元的基本概念

一旦声明了一个变量，这个变量在运行时就会在内存中占据一定大小的空间。例如声明变量 count 在内存中的映像如图 3.2 所示。

```
int count=1;
```

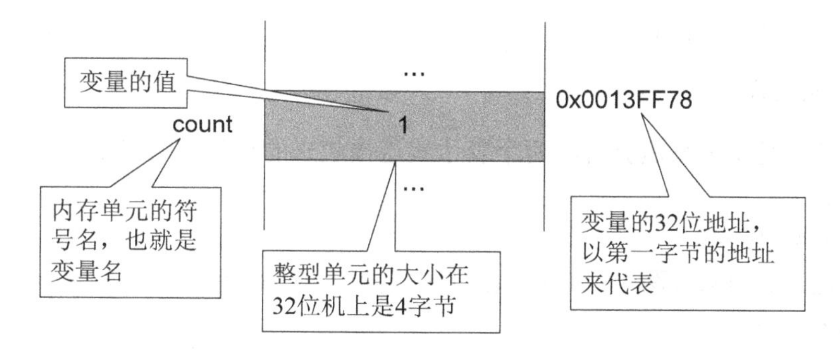

图 3.2　变量 count 的内存映像图

3.4　基 本 运 算

C 语言提供了非常丰富的运算符(operator)。在程序中使用运算符来连接运算对象，从而构成可以完成一定运算功能的表达式(expression)。C 语言的运算符包括：算术运算、关系运算、逻辑运算、位运算、赋值运算及其他运算。其中算术运算最为简单，而且在第 2 章中已经介绍过了，所以本节重点介绍其他几种运算。

3.4.1　关系运算

1. 关系运算符

关系运算符是指运算量之间进行大小比较，关系运算符有：>、>=、<、<=、==、!=。各个关系运算符及其含义如下：

① <　　　　(小于)

② <=　　　　(小于或等于)

③ >　　　　(大于)

④ >=　　　　(大于或等于)

⑤ ==　　　　(等于)

⑥ !=　　　　(不等于)

注意：

(1) 前 4 种关系运算符的优先级相同，后两种关系运算符的优先级相同，总体上前 4 种的优先级高于后两种。

(2) “==”和“=”的区别。“==”是关系运算符，仅用于比较操作，结合方向：从左向右。“=”是赋值运算符，主要用于赋值运算，结合方向：从右向左。

2. 关系运算符的优先级

关系运算符的优先级低于算术运算符，高于赋值运算符。结合方向：从左向右。

例如下面每组表达式是等价的：

(1) b<=a*2 等价于 b<=(a*2)；

(2) a==b>7 等价于 a==(b>7)；

(3) a=b>c 等价于 a=(b>c)。

3. 关系表达式

关系表达式是由关系运算符将两个表达式连接起来的有意义的式子。

如：x>y

　　b*b-4*a*c>=0

关系表达式的值只有两个：真和假，其中真用 1 或非零值表示，假用 0 表示。

例：int x=2, y=3;

则：①x==y 的值为 0；

　　②x<y 的值为 1；

　　③f=x==y　f 的值为 0；

　　④z=3-1>=x+1<=y+2 的值为 1。

　　分析：　z=2>=3<=5

　　　　　　z=0<=5

　　　　　　z=1

例：若 a = 3, b = 2, c = 1，则下列表达式的值分别为多少？

　　①(a > b)= = c

　　②b + c < a

　　③f = a < b > c

分析：

①(a > b)==c　　　② b + c < a　　　③ f=a < b > c

　1 ==1　　　　　　3 < 3　　　　　　0 > 1

　1　　　　　　　　0　　　　　　　　0

3.4.2　逻辑运算

1. 逻辑运算符

逻辑运算表示两个数据或表达式之间的逻辑关系。C 语言提供的逻辑运算符有三个，它们分别是：&&(逻辑与)，||(逻辑或)，!(逻辑非)。

逻辑运算的结果也只有真和假，即：1 和 0。

逻辑运算符的优先级和结合性如下。

!：高于算术运算符，结合性为自右而左；

&& ||：低于算术运算符、关系运算符，结合性为自左而右。

由以上可知，下面是等价的表达式：

(x>y)&&(9<5)　等价于　x>y && 9<5；

(a+b)||(c==d)　等价于　a+b || c==d；

(a>c)||(!d)　等价于　a>c || !d。

2. 逻辑表达式

逻辑表达式是用逻辑运算符将关系表达式或逻辑值连接起来的有意义的式子。

逻辑表达式的值是一个逻辑值：真(非 0)，假(0)。

例：　!3>1

　　先计算!3，得 0(假)；

　　再计算 0>1，得 0(假)。

例：当 a=1, b=2, c=3, d=4 时，则 e=a<=b&&c<=d 的值为 1。

例：用合法的 C 语言描述下列命题：

(1) a 和 b 中有一个大于 c；

(2) a 不能被 b 整除；

(3) 判断某年 year 是否为闰年。

(提示：某年若是闰年，则必须符合下列条件之一：

该年可以被 4 整除，但不能被 100 整除；或该年可以被 400 整除)

解：

(1) a>c || b>c　或　(a>c)||(b>c)

(2) a % b!= 0

(3) (year % 4 == 0 && year % 100 != 0) || (year % 400 == 0)

若该表达式成立，则该年为闰年。

说明：

(1) 需要指出的是，在逻辑表达式的求解过程中，并不是所有的逻辑量、运算符都被执行，只是必须执行该逻辑量才能求出整个表达式的解时，才执行该运算量或运算符。例如：

a && b && c　只有 a 为非零值时，才需判断逻辑量 b 的值，只有 a 和 b 都为真的情况下才需考虑 c 的值。如果 a 为假，则就不用判断 b 和 c 的值了，因为这是与运算，整个表

达式的值已经可以确定为假了。同样的道理，对于逻辑或，如：a||b||c，只要 a 为真，不需再判断 b 和 c 了，就能确定整个表达式的值为真。这种现象称为逻辑运算中的“短路”现象。

(2) 由于浮点数在计算机中不能非常准确地表示，所以，判断两个浮点数是否相等不能用“==”。

可以利用区间判断方式实现。如：判 f 是否等于 9.8 使用下列逻辑表达式：

(f>9.7) && (f<9.9)　(逻辑表达式的值为“真”，则 f 等于 9.8。)

也可以使用下列关系表达式：

fabs(f−9.8)<=1.0e−6

3.4.3 位运算

前面介绍的各种运算都是以字节作为最基本单位进行的。但在很多系统程序中，要求在位(bit)一级进行运算或处理。C 语言提供了位运算的功能，这使得 C 语言也能像汇编语言一样用来编写系统程序。

“位”是指二进制数的一位，称为 1 bit，其值为 0 或 1。C 语言具有直接对 int 和 char 类型的数据的某些字节或位进行操作的能力，例如将一个存储单元中的各二进制位左移或右移一位，两个数按位相加等。C 语言提供了如表 3.5 所列的位运算符。

表 3.5　位运算符

运 算 符	含　义	举　例
&	按位与	a&b，a 和 b 中各位按位进行“与”运算
|	按位或	a | b，a 和 b 中各位按位进行“或”运算
^	按位异或	a ^ b，a 和 b 中各位按位进行“异或”运算
~	按位取反	~a，a 中各位按位进行“取反”运算
<<	左移	a<<n(n 为非负整数)，a 中各位全部左移 n 位
>>	右移	a>>n(n 为非负整数)，a 中各位全部右移 n 位

说明：

(1) 位运算中“~”为单目运算符，右结合性。其余均为双目运算符，要求两侧各有一个运算量，左结合性。

(2) 位运算的运算量只能是整型或字符型的数据，不能为实型数据。

1. 按位与运算

按位与运算的基本规则是参加运算的两个量只有当对应的两个二进制位均为 1 时，结果位才为 1，否则为 0。其基本规则如表 3.6 所示。

按位与运算符“&”是双目运算符，其功能是参与运算的两数各对应的二进制位相与。参与运算的数以补码方式出现。

表 3.6 按位与运算的基本规则

操 作	结 果
0&0	0
0&1	0
1&0	0
1&1	1

例如，对于 9&5 可写成如下算式：

00001001 (9 的二进制补码)
& 00000101 (5 的二进制补码)
00000001 (1 的二进制补码)

可见 9&5=1。

按位与运算通常用来对某些位清零或保留某些位。例如把 a 的高八位清零，保留低八位，可作 a&255 运算(255 的二进制数为 0000000011111111)。

2. 按位或运算

按位或运算的基本规则是参加运算的两个运算量，只要对应的两个二进制位有一个为 1 时，结果位就为 1，否则为 0。其基本规则如表 3.7 所示。

表 3.7 按位或运算的基本规则

<table>
<tr><th>操 作</th><th>结 果</th></tr>
<tr><td>0|0</td><td>0</td></tr>
<tr><td>0|1</td><td>1</td></tr>
<tr><td>1|0</td><td>1</td></tr>
<tr><td>1|1</td><td>1</td></tr>
</table>

按位或运算符“|”是双目运算符。其功能是参与运算的两数各对应的二进制位相或，参与运算的数以补码形式出现。

例如，对于 9|5 可写成如下算式：

00001001
| 00000101
00001101----13

可见 9|5=13。

按位或运算通常用来将一个数据的某些位设置为 1。例如把 a 的低八位置 1，高八位不变，可作 a|255 运算(255 的二进制数为 0000000011111111)。

3. 按位异或运算

按位异或运算的基本规则是参加运算的两个运算量，当两对应的二进制位相异(值不同)时，该位结果为 1，否则为 0。其基本规则如表 3.8 所示。

表 3.8　按位异或运算的基本规则

操　作	结　果
0^0	0
0^1	1
1^0	1
1^1	0

按位异或运算符“^”是双目运算符。其功能是参与运算的两数各对应的二进制位相异或。参与运算的数仍以补码出现。

例如，对于 9^5 可写成如下算式：

```
  00001001
^ 00000101
  00001100 ----12
```

可见 9^5=12。

按位异或运算可以用来使数据的特定位翻转。方法是找一个数，使此数中数值为 1 的那些位正好对应欲处理数据中要翻转的那些位，其余位为 0。用此数与欲处理数相异或即可翻转特定位而保留其他位。

4. 按位取反运算

按位取反运算的基本规则是对参加运算的二进制数按位取反，若某位为 0，则取反后该位变成 1，反之变 0。其基本规则如表 3.9 所示。

表 3.9　按位取反运算的基本规则

操　作	结　果
～0	1
～1	0

按位取反运算符“～”为单目运算符，具有右结合性，优先级为 2，比算术运算符、关系运算符、逻辑运算符和其他位运算符都高。

例如，～9 的运算为：

～(0000 0000 0000 1001)结果为 1111 1111 1111 0110

取反运算可以结合其他运算达到一些特殊的效果。比如，使数 a 的最低位为 0，可以使用：

a&～1

这是因为～1=1111 1111 1111 1110。

5. 左移运算

左移运算 a<<n(n 为非负整数)，运算规则是将参与运算的数据 a 中各二进制位全部左移 n 位。从左边移出的位丢弃，在右边空位上补 0。

例如，9<<3 的运算为：

0000 0000 0000 1001 各位均向左移3位，右边空位上补0。结果为：0000 0000 0100 1000。

左移运算有个特殊效果：左移1位相当于该数乘以2，左移2位相当于该数乘以(2^2=)4，以此类推。但此结论只适用于该数左移时被移出的高位中不包含1的情况。

由于在实际运行中，左移运算要比做乘法速度快很多，读者在编程中可以参考使用。

6. 右移运算

右移运算 a>>n(n 为非负整数)，运算规则是将参与运算的数据 a 中各二进制位全部右移 n 位。对于正数，从右边移出的位丢弃，在左边空位上补 0；对于负数则从右边移出的位丢弃，在左边空位上补 1。

例如，9>>3 的运算为：

0000 0000 0000 1001 各位均向右移3位，左边空位上补0。结果为：0000 0000 0000 0001。

同左移运算类似，右移运算在右移1位时相当于该数除以2，右移2位相当于该数除以(2^2=)4，以此类推。但此结论只适用于该数右移时被移出的低位中不包含1的情况。

3.4.4　赋值运算

1. 赋值运算符

“=”就是赋值运算符，它的作用是将右边的表达式或一个数据赋给左边的变量。结合方向：自右至左。

2. 赋值表达式

C 语言赋值语句的一般形式为“变量名=表达式;”，例如：

```
a=3;
x=a+b;
```

3. 复合的赋值运算符

为了简化程序并提高编译效率，C 语言允许在赋值运算符“=”前加上其他运算符，以构成复合的赋值运算符“+=”、“*=等”。凡是二元运算符，一般都可以与赋值运算符一起组成复合的赋值运算符，如：+=, −+, *=, /=, %=。

如：x=x+5　可以写成　x+=5；

　　x=x*(y+1)　可以写成　x*=y+1。

反过来：

　　a+=b　可以写成　a=a+b；

　　x%=y+3　可以写成　x=x%(y+3)。

3.4.5　其他运算

1. 逗号运算符

格式：表达式 1，表达式 2，…，表达式 n

功能：先算表达式 1，再算表达式 2，依次算到表达式 n。整个逗号表达式的值是最后

一个表达式的值。

优先级：最低。

结合性：从左到右。

例：①f=(a=3,b=4,a+b);　　　　结果：f=7;

　　如果去掉()　　　　　　　结果：f=3;

②b=(a=4,3*4,a*2);　　　　结果：b=8。

2. 条件运算符(唯一的三目运算符)

格式：　表达式 1?表达式 2:表达式 3

功能：　如果表达式 1 成立，则表达式 2 的值是整个表达式的值，否则表达式 3 的值是整个表达式的值。

结合性：从右向左。

【例 3-1】输入两个数，并求两个数中较大者，之后输出较大者。

程序如下(ch03-1.c)：

```
/* ch03-1.c */
#include<stdio.h>

int main()
{
    float a,b,max;                  //定义变量
    printf("input 2 number:");
    scanf("%f%f",&a,&b);            //输入数据
    max=a>b?a:b;                    //求两数中较大者
    printf("max=%f\n",max);         //输出较大数
    return 0;
}
```

程序运行结果：

```
input 2 number:1.2 4.2
max=4.200000
```

3. 求字节数运算符

格式：sizeof(表达式或类型名)

功能：sizeof 是求其操作数对象所占用字节数的运算符。它是在编译源程序时，求出其操作对象所占字节数的。其操作对象可以是类型标识也可以是表达式。

例：sizeof(float)的值是 4，表明浮点数占用 4 个字节。

　　sizeof(x=5)的值是 4，表明整型数 5 占用 4 个字节。

3.4.6　运算符的优先级和结合性

C 语言中运算符和表达式数量之多，在高级语言中是少见的。正是丰富的运算符和表达式使 C 语言功能十分完善。这也是 C 语言的主要特点之一。

C 语言的运算符不仅具有不同的优先级，而且还有一个特点，就是它的结合性。在表达式中，各运算量参与运算的先后顺序不仅要遵守运算符优先级别的规定，还要受运算符结合性的制约，以便确定是自左向右进行运算还是自右向左进行运算。这种结合性是其他高级语言的运算符所没有的，因此也增加了 C 语言的复杂性。

归纳一下，C 语言的运算符可分为以下几类。

(1) 算术运算符：用于各类数值运算。包括加(+)、减(−)、乘(*)、除(/)、求余(或称模运算，%)、自增(++)、自减(--)共 7 种。

(2) 关系运算符：用于比较运算。包括大于(>)、小于(<)、等于(==)、大于等于(>=)、小于等于(<=)和不等于(!=)共 6 种。

(3) 逻辑运算符：用于逻辑运算。包括与(&&)、或(||)、非(!)3 种。

(4) 位操作运算符：参与运算的量，按二进制位进行运算。包括位与(&)、位或(|)、位非(~)、位异或(^)、左移(<<)、右移(>>)共 6 种。

(5) 赋值运算符：用于赋值运算，分为简单赋值(=)、复合算术赋值(+=,-=,*=,/=,%=)和复合位运算赋值(&=,|=,^=,>>=,<<=)三类共 11 种。

(6) 条件运算符：这是一个三目运算符，用于条件求值(?　:)。

(7) 逗号运算符：用于把若干表达式组合成一个表达式(，)。

(8) 指针运算符：用于取内容(*)和取地址(&)两种运算。

(9) 求字节数运算符：用于计算数据类型所占的字节数(sizeof)。

(10) 其他运算符：有括号()，下标[ ]，成员(→，.)等几种。

表 3.10 展示了所有 C 语言中运算符的优先级规则，从表头到表尾优先级依次降低，而同一表项里的运算符有相同的优先级，而结合性指的是相同优先级运算符的结合顺序。

表 3.10　运算符的优先级和结合性

运 算 符	结 合 性
() [ ] . ->	从左至右
! ~ ++ -- +(正号) −(负号) * & (类型名) sizeof	从右至左
* / %	从左至右
+ −	从左至右
<< >>	从左至右
< <= > >=	从左至右
== !=	从左至右
&	从左至右
^	从左至右
|	从左至右
&&	从左至右
||	从左至右
?:	从右至左
= += -= *= /= %= &= ^= |= <<= >>=	从右至左
,	从左至右

3.5 不同类型数据之间的转换

前一节介绍的各种运算符和表达式实例中，大多数只包含一类运算符，而在实际应用当中，我们用到的表达式是比较复杂的，包含多个运算符，从而完成功能更为复杂的运算。这时候就涉及不同类型数据之间的转换了。在C语言中，数据类型的转换方式一般有两种：自动转换和强制转换。自动转换又称为隐式转换，而强制转换又称为显式转换。

3.5.1 自动类型转换

所谓自动转换，就是系统根据规则自动将两个不同数据类型的运算对象转换成同一种数据类型的过程。

自动转换的一个基本原则是：为两个运算对象的计算结果提供尽可能多的存储空间。也就是说，如果两个操作数的数据类型不同，运算时，将以占内存空间多的数据类型为计算结果的数据类型。例如，一个长整型数与普通整型计算的结果，肯定是以长整型类型存储的。

自动类型转换的详细规则见图 3.3。

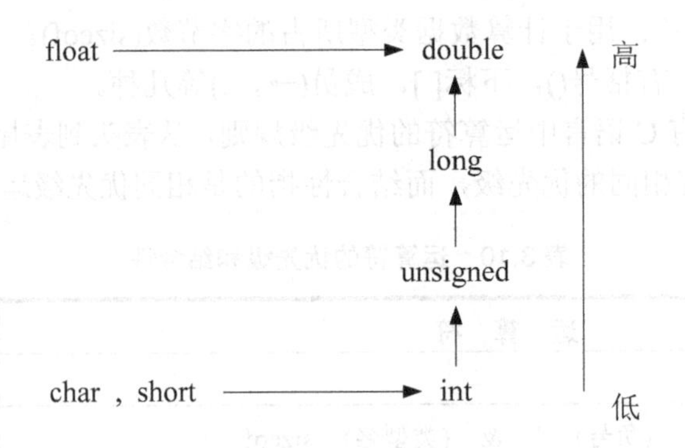

图 3.3　表达式运算的自动转换规则

图 3.3 中横向向右箭头表示是必需的转换，也就是说，对于表达式中的 char、short 类型的数据，系统一律将其转换为 int 类型参与计算；而对于表达式中的 float 类型，系统则一律将其转换为 double 类型参与运算。

对于其他的数据类型，一定要两个运算对象的数据类型不同时，使用纵向箭头表示的方向由低向高作转换。若两个运算对象的数据类型相同，不作转换。

例如，两个运算对象分别是 int 类型和 long 类型，则需要将 int 类型的数据转换为 long 类型的数据参与运算；而若两个运算对象都是 int 类型的数据，则仍以 int 类型参与运算。

注意，自动转换只针对两个运算对象，不能对表达式的所有运算符作一次性的自动转换。例如，表达式 5/4+3.2 的计算结果是 4.20，而表达式 5.0/4+3.2 的计算结果是 4.45。原因是 5/4 按整型计算，并不因为 3.2 是浮点型，而将其按浮点型计算。

由于C语言编译版本的不同，自动转换规则可能略有不同。例如，有的版本在遇到两个操作数均为 float 类型时，计算结果也为 float 类型。

3.5.2 强制类型转换

格式：(类型名)表达式

如 ：5/3　　结果为：1。

而为了得到准确的结果，就可用强制类型转换：(float)5/3

如：x+y 是浮点数，则：(int)(x+y)就将该表达式强制转换成整型数。

实际上强制转换(类型)是操作符，由于它是一元单目运算，所以优先级较高，它与自增自减运算符属于同一优先等级。

【例 3-2】对输入的数据进行强制类型转换后输出结果。

程序如下(ch03-2.c)：

```
/* ch03-2.c */
#include <stdio.h>
int main()
{
    float f1,f2,x=3.6,y=5.2;
    int i=10,j=4,a,b,c;
    a=x+y;
    b=(int)x+y;           //将 x 强制转换成 int 型，再计算与 y 的和
    f1=i/j;               //计算 i/j 的值
    f2=(float)i/j;        //将 i/j 的值强制转换成 float 型
    c=i%(int)x;           //i 对强制转换成 int 型的 x 求余
    printf("a=%d,b=%d,f1=%f,f2=%f,c=%d,x=%f\n",a,b,f1,f2,c,x);
}
```

注意：强制类型转换后，原来变量的类型并没有发生改变。

程序运行结果：

```
a=8,b=8,f1=2.000000,f2=2.500000,c=1,x=3.600000
```

3.6 本 章 小 结

本章主要讲解数据类型、常量、变量、基本运算及类型转换。在第 2 章中我们曾经提到程序设计的基本步骤包括：定义数据、输入数据、处理数据和输出数据。那么本章的内容就是和定义数据、处理数据相关的。首先在定义数据之前，我们先要了解数据有哪些数据类型，然后根据问题的需求来定义某种类型的常量或变量，数据准备好了就该考虑对数据进行哪些处理和运算了，最后还要考虑到数据在进行运算时可能会涉及类型之间的转换，上述过程正是本章的内容。所以，初学者在学习本章内容的过程中可能会感到内容繁多、知识琐碎、不好理解，但我们一定要做到“钻进去，跳出来”，也就是说，对于这些内容我们既要“钻进去”熟练掌握，但不能陷于知识本身的细节之中，学完了这些内容后还要能够从中“跳出来”，要把所学的零零碎碎的知识串起来，形成一个整体。别忘了，我们是在学习程序设计，所学的一切都是为了“编写程序”这个最终的目的，只有通过大量的编程实践你才有可能把所学的内容慢慢消化、吸收，所以打好前面的基础至关重要。

3.7 上机实训

3.7.1 实训1 关于圆的运算

1. 实训目的

熟练掌握各种数据类型和运算符号。

2. 实训内容及代码实现

任务描述：

给定一个圆半径 r，圆柱高 h，求圆周长、圆面积、圆球表面积、圆球体积、圆柱体积。

输入：

输入圆半径 r 和高 h，圆周率 PI 取 3.14159。

输出：

输出圆周长、圆面积、圆球表面积、圆球体积、圆柱体积的结果，结果保留小数点后两位。

输入样例：

1.5　2

输出样例：

c1=9.42,sa=7.07,sb=28.27,va=14.14,vb=14.14

问题分析：用 scanf 输入数据，输出计算结果，输出时要求文字说明，取小数点后两位数字。

程序代码如下(ch03-3.c)：

```
/* ch03-3.c */
#include <stdio.h>

int main()
{
    float r, h, c1, sa, sb, va, vb;       //定义变量
    scanf("%f",&r);                  //输入半径 r
    scanf("%f",&h);                  //输入高 h
    c1 = 2*3.14159*r;                //计算周长
    sa = 3.14159*r*r;                //计算面积
    sb = 4*sa;                       //计算表面积
    va = 4*3.14159*r*r*r/3;          //计算圆球体积
    vb = sa*h;                       //计算圆柱的体积
    printf("c1=%.2f,sa=%.2f,sb=%.2f,va=%.2f,vb=%.2f\n",c1,sa,sb,va,vb);
                                     //输出结果
    return 0;                        //程序结束
}
```

3.7.2　实训 2　判断较大数

1. 实训目的

熟练掌握条件运算符。

2. 实训内容及代码实现

任务描述：
输入两个数，并求两个数中较大者，之后输出较大者。
输入：
输入两个数 a 和 b。
输出：
输出较大的数。
输入样例：
10 15
输出样例：
15
程序代码如下(ch03-4.c)：

```
/* ch03-4.c */
#include<stdio.h>

int main()
{
    int a,b,max;                //定义变量
    scanf("%d%d",&a,&b);        //输入数据
    max=a>b?a:b;                //求两数中较大者
    printf("%d\n",max);         //输出较大数
    return 0;
}
```

3.8　习　　题

1. 在 C 语言中用关键字________定义整型类型变量，用关键字 float 定义单精度实型变量，用关键字 double 定义双精度实型变量。

2. 3.5+1/2 的计算结果是_______。

3. 能正确表示逻辑关系："a≥5 或 a≤-1"的 C 语言表达式是________。

4. 若变量已正确定义并赋值，以下符合 C 语言语法的表达式是__________。

   A. a:=b+1　　B. a=b=c+2　　C. int 18.5%3　　D. a=a+7=c+b

5. 下列可用于 C 语言用户标识符的一组是__________。

   A. void, define, WORD　　B. a3_b3, _123,Car

   C. For, -abc, IF Case　　D. 2a, DO, sizeof

6. C 语言中运算对象必须是整型的运算符是________。

A. %=　　B. /　　C. =　　D. <=

7. 有以下程序：

```
int main()
{int i=1,j=1,k=2;
if((j++||k++)&&i++)
printf("%d,%d,%d\n",i,j,k);
}
```

执行后输出结果是________。

A. 1,1,2　　B. 2,2,1　　C. 2,2,2　　D. 2,2,3

8. 设 int x=1,y=1;表达式(!x||y--)的值是________。

A. 0　　B. 1　　C. 2　　D. −1

9. 在以下一组运算符中，优先级最高的运算符是________。

A. <=　　B. =　　C. %　　D. &&

10. 以下选项错误的是________。

A.
```
main()
{ int x,y,z;
  x=0;y=x-1;
  z=x+y;}
```

B.
```
main()
{ int x,y,z;
  x=0,y=x+1;
  z=x+y;}
```

C.
```
main()
{ int x;
  int y;
  x=0,y=x+1;
  z=x+y;}
```

D.
```
main()
{ int x,y,z;
  x=0;y=x+1;
  z=x+y,}
```

第 4 章　C 程序控制结构(1)

本章要点

- 算法概述、算法的描述方法；
- 程序的三种控制结构介绍，包括顺序结构、选择结构以及循环结构流程控制；
- 顺序结构流程控制以及应用举例；
- 选择结构实现的基本语句，用 if 语句实现单分支结构，用 if-else 语句实现双分支结构；
- 多分支选择结构的实现，分别用 if-else 语句的嵌套结构及 switch 语句实现多分支结构。

本章难点

- 条件语句及其使用；
- 选择结构设计及语法实现。

在程序设计中，我们需要处理两类要素：过程和数据。数据是程序处理的“对象”，而过程是对这些数据操作规则的描述。我们通过实现对数据的处理以得到预期的解，程序设计就是考虑如何描述数据并对数据处理的具体过程，这个过程称为算法。从程序流程来看，程序可分为三种基本结构：顺序(sequence)、选择(selection)以及循环(repetition)。使用基于这三种基本结构的方法即为结构化编程方法(structured programming)。该方法能够使开发出来的程序更易于理解，因为只有易于理解的程序才易于测试、排错、修改或用数学手段来进行正确性证明。

本章首先介绍算法的基本思想，以及算法如何表示。然后介绍结构化 C 程序控制的选择(分支)结构，循环结构将在第 5 章进行介绍。

4.1　算 法 初 步

在编程求解一个特定问题时，需要考虑两方面的内容：一方面是对数据的描述，另一方面是如何对数据进行加工和处理以得到问题的解。其中对数据的描述要考虑的是数据如何用计算机表示和存储，即对数据进行类型的定义和存储形式的说明即数据结构；而对数据的加工和处理即是在对数据进行运算的具体的过程(步骤)即算法。在这里，数据是操作的对象，操作的目的是对数据进行加工处理以得到预期的解。

对于数据类型及对数据的基本运算前面章节已经简要介绍，下面介绍问题的求解过程——算法。

1. 算法

计算机是按照一个特定的顺序执行一系列的操作来实现问题的求解的。将求解问题的

步骤或流程称为算法，这个流程可分解为：

(1) 要执行的操作(运算)；

(2) 执行这些操作的顺序(程序流程)。

在设计一个算法时，执行操作的顺序是非常重要的。

例如：计算圆面积的过程。

(1) 输入圆半径 r；

(2) 通过公式计算圆面积：s=PI*r*r；

(3) 输出计算结果 s。

按照这个流程就会得到某个半径对应的圆的面积值。相反，如果上述操作的流程稍做调整。

(1) 通过公式计算圆面积：s=PI*r*r；

(2) 输入圆半径 r；

(3) 输出计算结果 s。

采用这个流程将无法得到正确结果，因为只有先有半径才能进行计算，否则将无法输出正确的面积值。

当算法在处理信息时，首先对问题研究的数据进行分析，选择合适的数据类型定义相关变量，接着从输入设备或数据的存储地址读取数据，然后按照问题要求对数据进行运算，最后把结果写入输出设备或某个存储地址供以后再调用。

2. 算法的主要特征

算法要求在有限步骤内求解某一问题，在这个过程中要求使用一组定义明确的规则。算法是由若干条指令组成的有穷序列，且一个算法应该具有以下五个重要的特征。

(1) **有穷性**：一个算法必须保证执行有限步之后结束。

(2) **确切性**：算法的每一步骤必须有确切的定义。

(3) **输入**：一个算法有零个或多个输入，以刻画运算对象的初始情况，所谓零个输入是指算法本身定义了初始条件。

(4) **输出**：一个算法有一个或多个输出，以反映对输入数据加工后的结果。没有输出的算法是毫无意义的。

(5) **可行性**：算法在原则上应能够精确地运行，而且人们用笔和纸做有限次运算后即可完成。

4.2 程序控制结构

在计算机程序中，语句的执行顺序被称为程序控制。通常情况下，计算机程序中的语句是按照它们被编写的顺序逐条执行的。这就是所谓的顺序(sequence)执行。如果下一条要执行的语句并不是当前语句的后继语句，那么可以通过控制转移来实现语句的跳转。

【例 4-1】计算某个数的绝对值。

算法步骤如下。

步骤 1：输入一个数；

步骤 2：如果该数小于 0，执行步骤 3，否则执行步骤 4；

步骤 3：对该数取反；

步骤 4：输出这个数。

上述问题并不是顺序执行的过程，需要根据输入数据的正负执行不同的语句。

在结构化程序设计中有三种基本程序控制结构：顺序(sequence)、选择(selection)以及循环(repetition)。

- 顺序结构：程序是按程序语句或模块在执行流中的顺序逐个执行。
- 选择结构：程序是按设定的条件实现程序执行流的多路分支。
- 循环结构：程序是按给定的条件重复地执行指定的程序段或模块。

相关研究证明，任何计算机程序都可以仅用上述三种控制结构来实现。

顺序结构是 C 语言最基本的结构，除非特别设计，计算机都是按照语句的先后顺序顺次执行。可通过图 4.1 更加直观地表示这个流程。

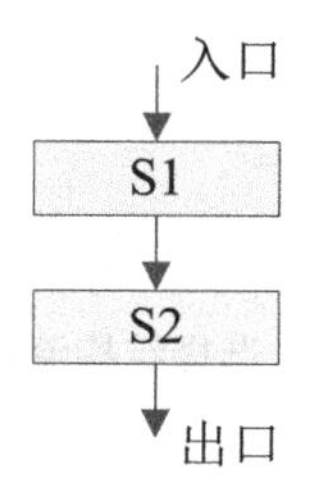

图 4.1　顺序结构流程图

4.3　算 法 描 述

4.3.1　流程图

流程图是关于一个或一段算法的图形化表示，它由一些具有特定含义的符号组成，如图 4.2 及表 4.1 所示。

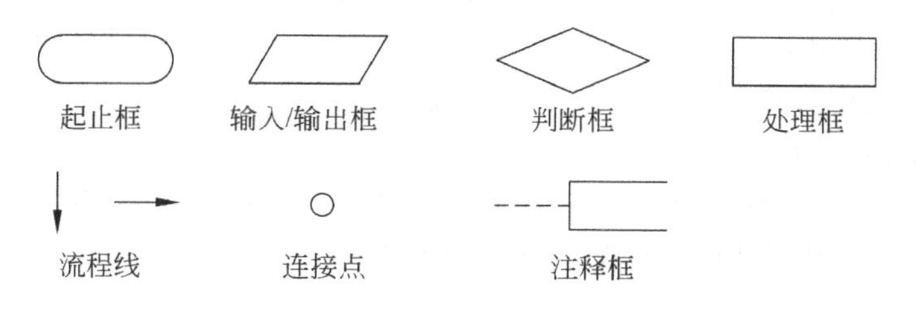

图 4.2　流程图基本符号表示

表 4.1　流程图说明

图形名称	说　明
起止框	用圆角矩形表示算法的开始和结束
输入/输出框	用平行四边形表示数据的输入或计算结果的输出

续表

图形名称	说　明
判断框	用菱形表示判断，可将判断的条件在内部标出
处理框	用矩形表示各种处理功能，框中指定要处理的内容
流程线	用箭头来表示流程的执行方向
连接点	用于连接因画不下而断开的流程线
注释框	用来对流程图中的某些操作做必要的补充说明，以帮助阅读流程图的程序员更好地理解流程图中某些操作的作用

根据选择结构和循环结构的控制流程，流程图如图 4.3 和图 4.4 所示。

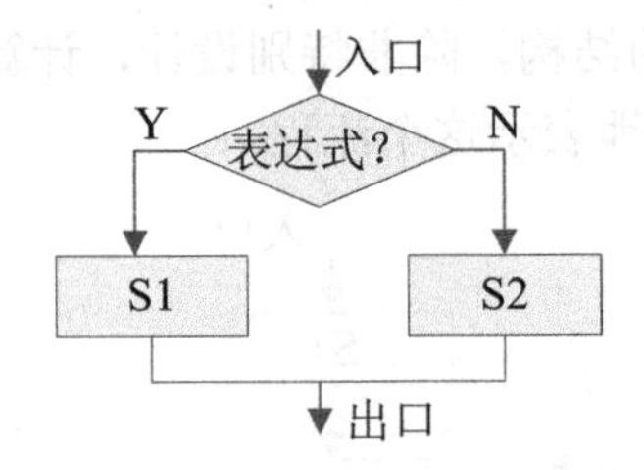

图 4.3　选择结构流程控制

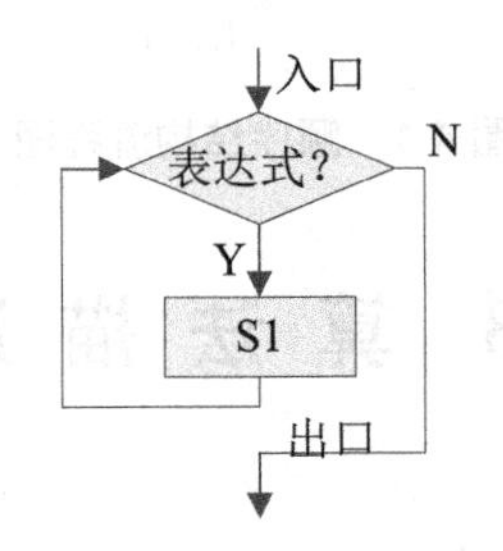

图 4.4　循环结构流程控制

观察上述流程图，我们看到每个控制结构的流程图都有唯一的入口和唯一的出口，这种单入口/单出口的控制结构易于实现程序的模块化设计。通过将一个控制结构的出口与另一个控制结构的入口相连，就可以轻松地将一个控制结构与另一个控制结构连接在一起。程序设计也因此变得像搭积木一样简单、快捷，这样的程序设计被称为控制语句的堆砌(Control-statement stacking)。

对于例 4-1，求某个数的绝对值需要判断该数的正负情况，以确定是否进行取反操作，根据其解题步骤，将其算法用流程图描述，如图 4.5 所示。

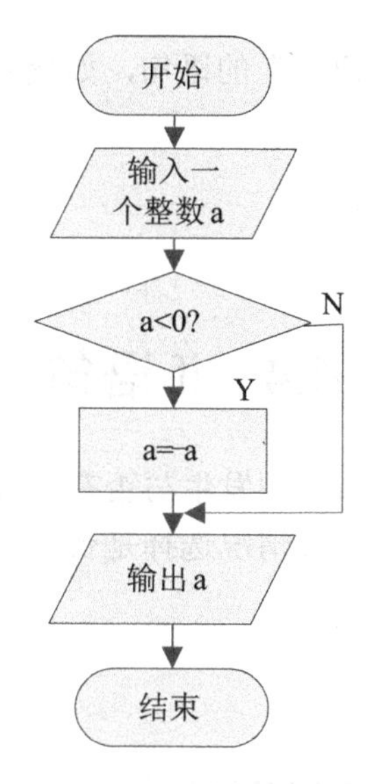

图 4.5　求绝对值流程图

描述算法除了流程图，还可使用其他描绘方式，如 N-S 图以及伪码。

4.3.2　N-S 图

N-S 图也是描述算法的常用工具。与流程图相比，N-S 图完全去掉了流程图中的流向线和箭头，因此能用 N-S 图表示的算法，一定是结构化的算法。

三种控制结构的 N-S 图表示如图 4.6 所示。

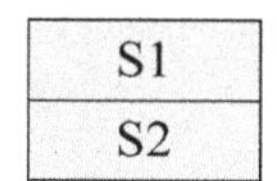

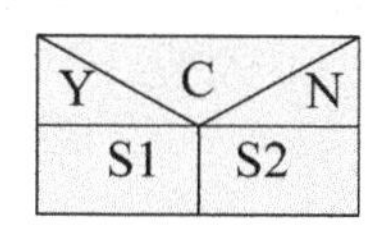

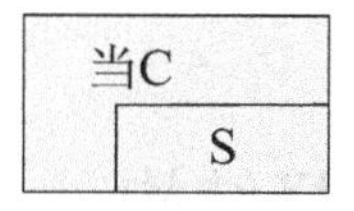

图 4.6　N-S 图描述的三种控制流程

例 4-1 的 N-S 图描述如图 4.7 所示。

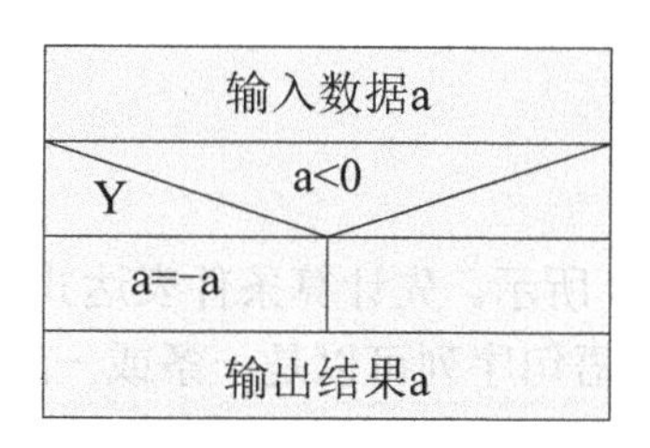

图 4.7　N-S 图描述求绝对值

4.3.3　伪码

伪码(Pseudocode)是一种人工的、非正式的辅助人们进行算法设计的语言。伪码与我们日常使用的英语极为类似，虽然伪码不是一种真正的计算机程序设计语言，但是它易学、易懂，书写方便。伪码只是帮助我们设计程序，而不必受计算机设计语言编写程序规则的

干扰。伪码程序只包含关于“行为语句”的语句，如变量的定义等不必写到伪码当中。

例 4-1 的伪码表示为：

```
If a is an negative number
  A←-a
```

4.4 if 语句

选择结构用于根据某个条件(情况)的发生与否有选择地执行相关功能。例如，在求某个数的绝对值过程中，根据该数的正负情况选择是否要进行取反操作。(假设这个数放在变量 a 中)这个功能可用伪代码表示为：

```
If a<0
  a←-a;
```

上面的伪码表示的选择结构转换成 C 语句为：

```
if(a<0)
  a=-a;
```

这是一种单分支的选择结构，首先确定判断的条件是什么(a 是否小于 0)；然后由条件的是否满足决定是否执行相应操作。在上例中，当条件成立(a<0 为真)将 a 取反，条件不成立(a<0 为假)不必进行取反操作。

在 C 语言中提供了用于构造选择结构的 if 语句及 switch 语句。

根据分支多少，if 语句构造三种选择结构：单分支选择结构、双分支选择结构和多分支选择结构。

4.4.1 单分支选择结构

单分支选择结构的语句格式是：

```
if(条件表达式)
{
    语句序列;
}
```

if 语句的执行流程如图 4.8 所示。先计算条件表达式，如果表达式的结果为非 0，则表示条件为真，执行语句序列，语句序列可以是一条或一组语句，当只有一条语句时，大括号可以省略。

作为条件判断的表达式可以是关系表达式、逻辑表达式，也可以是算术表达式，因为判断主要以其值是否为 0 为准。

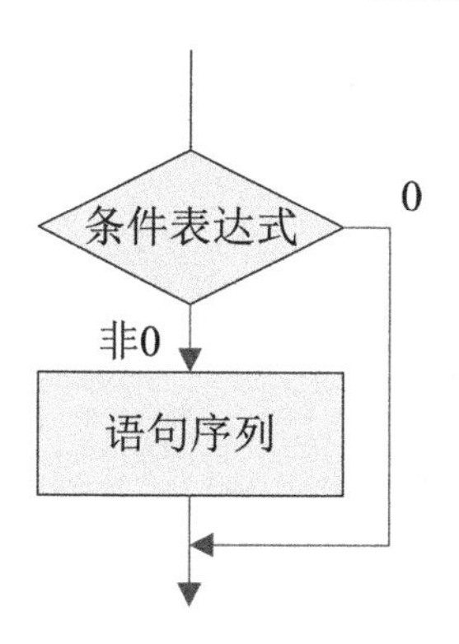

图 4.8　if 语句流程图

【例 4-2】计算某个数的绝对值。

根据上述分析，程序代码如下(ch04-1.c)：

```
/* ch04-1.c */
#include<stdio.h>
int main()
{
    int a;
    printf("Input a number:\n");
    scanf("%d",&a);
    if(a<0)
      a=-a;
    printf("The absolute value is %d",a);
    return 0;
}
```

程序运行结果：

```
Input a number:
-5
The absolute value is 5
```

【例 4-3】将输入的小写字母转换成大写。

算法分析：程序处理的数据为一个字符数据，因而需要一个字符类型的变量来接收该字符，然后根据输入字符的范围('a'～'z')判断是否需要进行小写字母转换成大写字母。进行转换的关键操作为：'A'+ch-'a'

程序代码如下(ch04-2.c)：

```
/* ch04-2.c */
#include<stdio.h>
int main()
{
    char ch;
    printf("Input a character\n");
    scanf("%c",&ch);
    if(ch>='a'&&ch<='z')
      ch='A'+ch-'a';//将小写字母转换成大写
```

```
    printf("%c",ch);
    return 0;
}
```

程序运行结果：

```
Input a character
b
B
```

4.4.2 双分支选择结构

双分支选择结构的语句格式是：

```
if(条件表达式)
{
    语句序列 1;
}
else
{
    语句序列 2;
}
```

双分支 if 语句的执行流程如图 4.9 所示。该语句的执行流程是：先计算条件表达式，如果表达式的结果为非 0，则表示条件为真，执行分支语句序列 1，当只有一条语句时，大括号可以省略。如果条件表达式的结果为 0，则表示条件为假，执行 else 后面的分支语句序列 2，同样，当只有一条语句时，大括号可以省略。

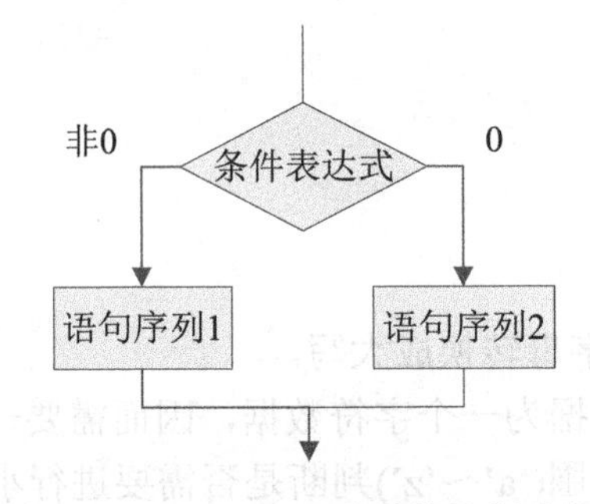

图 4.9　If-else 双分支结构控制流程

【例 4-4】输入两个整数，输出这两个数中的最大值。

算法分析：程序要处理的数据为两个整数，因而需要两个整型的变量来存储这两个整数。程序对这两个数据的处理过程为比较，以找出它们中较大的那一个。这个过程需要通过判断来得出结果，如果前者大于后者输出前者，如果后者大于前者输出后者。这是一种双分支的结构，即根据条件的真与假执行不同的分支。流程图如图 4.10 所示。

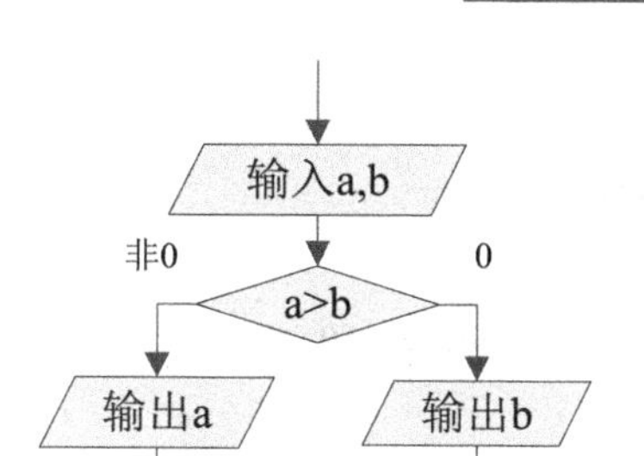

图 4.10　求两个数最大值流程图

程序代码如下(ch04-3.c)：

```
/* ch04-3.c */
#include<stdio.h>
int main()
{
    int a,b;
    printf("Input two integer number:\n");
    scanf("%d%d",&a,&b);
    if(a>b)
      printf("max=%d",a);
    else
      printf("max=%d",b);
    return 0;
}
```

程序运行结果：

```
Input two integer number:
4 5
max=5
```

4.4.3　多分支选择结构

当 if 语句中的执行语句又是 if 语句时，则构成了 if 语句嵌套的情形。可以用于测试更多的条件。

【例 4-5】若想在考试成绩 grade 大于或等于 90 时打印 A；大于或等于 80 时打印 B；大于或等于 70 时打印 C；大于或等于 60 时打印 D；小于 60 时打印 E。

算法流程图如图 4.11 所示。

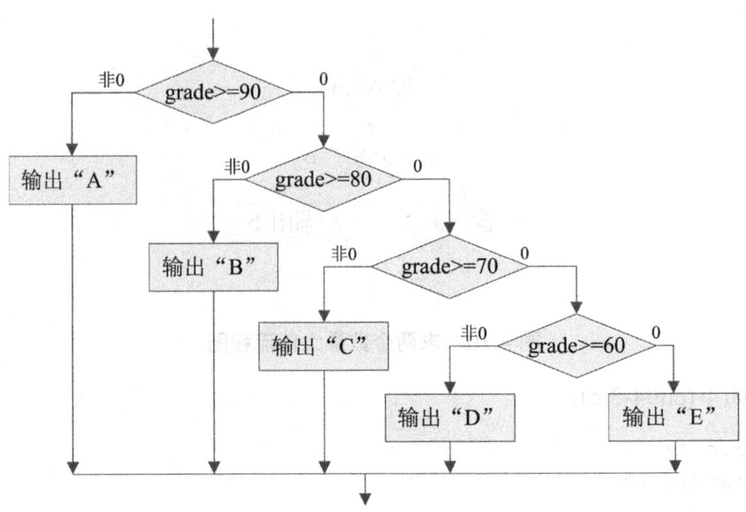

图 4.11　打印成绩等级流程图

程序代码如下(ch04-4.c)：

```
/* ch04-4.c */
#include<stdio.h>
int main()
{
    int grade;
    printf("Input three grade:\n");
    scanf("%d",&grade);
    if (grade>=90)
       printf("A");
    else
        if(grade>=80)
           printf("B");
        else
            if(grade>=70)
                printf("C");
            else
                if(grade>=60)
                   printf("D");
                else
                   printf("E");
    return 0;
}
```

在这段程序中，只有一个 printf 语句被执行。在书写时注意格式的缩进以增强程序的可读性并减少由于 else 的不匹配出现的错误。上述代码也可用另外一种更加规整的写法代替：

```
if (grade>=90)
   printf("A");
else if(grade>=80)
```

```
        printf("B");
    else if(grade>=70)
        printf("C");
    else if(grade>=60)
        printf("D");
    else
        printf("E");
```

上述两种形式是完全等价的。后者避免了由于多级缩进而出现代码向右偏移。而代码向右偏移使得在一行中能够编写的代码空间变少，这会导致不必要的语句拆分降低程序的可读性。

4.5　用 switch 语句实现多分支选择结构

C 语言还提供了另一种用于多分支选择的 switch 语句， 其一般形式为：

```
switch(表达式){
  case 常量表达式 1: 语句 1;
  case 常量表达式 2: 语句 2;
   ⋮
  case 常量表达式 n: 语句 n;
  default:  语句 n+1;
}
```

switch 语句的控制流程是：计算表达式的值，并逐个与其后的常量表达式值相比较，当表达式的值与某个常量表达式的值相等时，即执行其后的语句，然后不再进行判断，继续执行后面所有 case 后的语句。如表达式的值与所有 case 后的常量表达式均不相同时，则执行 default 后的语句。

对于例 4-5，可以用 switch 语句描述，程序代码如下(ch04-5.c)：

```
/* ch04-5.c */
#include<stdio.h>
int main()
{
    int grade;
    printf("Input three grade:\n");
    scanf("%d",&grade);
    switch(grade/10)
    {
       case 10:
       case 9:printf("A");break;
       case 8:printf("B");break;
       case 7:printf("C");break;
       case 6:printf("D");break;
       default:printf("E");
    }
    return 0;
}
```

程序说明：

由于 case 后面是常量表达式，因而对于 switch 括号里面的表达式的值应为一个常数，如果成绩 grade 大于等于 90，小于 100，则 grade/10=9(grade 为整数)，grade 等于 100 时，grade/10=10。上述代码表示：当 grade 大于等于 90 且小于等于 100 时，输出 A。

break 语句使得程序控制转到 switch 语句后面的第一条语句继续执行。如果没有在 switch 语句中某个地方使用 break，一旦某个 case 标签与控制表达式的值匹配成功，那么从这个标签开始，所有剩余 case 标签对应的语句都被执行。break 语句在本例当中是必需的，因为对应某个确定的成绩只有一个明确的输出。当输出正确结果之后就应该转到 switch 语句的后面继续执行。如果没有与控制表达式的值相匹配的 case 标签，那么将执行 default 标签后的语句。

switch 语句使用注意事项，说明如下。

(1) switch 表达式类型只能是整型或字符型；

(2) case 后面必须是常量或常量表达式；

(3) case 后面的常量必须是唯一的，不允许有相同的值；

(4) case 后面必须加冒号；

(5) break 语句把控制权转出 switch 语句；

(6) break、default 语句都是可选的；

(7) 最多只能有一个 default，位置一般放在末尾；

(8) switch 语句允许嵌套。

4.6 本 章 小 结

本章首先介绍了算法的概念以及算法的描述方法，包括伪代码、流程图以及 N-S 图。算法在程序设计过程中起到至关重要的作用，先设计算法再编写代码，可以帮助我们顺利地解决问题。

在结构化程序设计中，包含三种控制结构：顺序结构、选择结构以及循环结构，本章简单地介绍了这三种控制结构的流程以及流程图表示。顺序结构是最基本的控制流程，选择结构用来实现有选择地执行某些不同情况，循环结构用于实现重复执行的某些操作。本章主要介绍了顺序结构及选择结构的实现，循环结构将在第 5 章介绍。

在选择结构中，根据分支的多少，包括单分支、双分支以及多分支。单分支使用 if 语句实现，双分支使用 if-else 语句实现，多分支可以使用 if-else 语句的嵌套以及 switch 语句实现。在使用时注意 if-else 语句的配对问题以及条件语句的表示问题。

4.7 上 机 实 训

4.7.1 实训 1 判断某年是否是闰年

1. 实训目的

(1) 使用 if-else 语句实现双分支结构；

(2) 练习条件表达式的书写。

2. 实训内容及代码实现

任务描述：
判断某年是否是闰年。
输入：
输入只有一行，包含一个整数 a(0 < a < 3000)
输出：
一行，如果公元 a 年是闰年输出 Y，否则输出 N
输入样例：
2006
输出样例：
N
问题分析：某年 year 是否是闰年取决于以下条件。
(1) 能被 4 整除，但不能被 100 整除的年份都是闰年，如 2008、2012、2048 年；
(2) 能被 400 整除的年份是闰年，如 2000 年。
其他不符合这两个条件的年份不是闰年，例如 2009、2100 年。
程序代码如下(ch04-6.c)：

```
/* ch04-6.c */
#include<stdio.h>
int main()
{
    int year;
    scanf("%d",&year);
    if(year%4==0&&year%100!=0||year%400==0)
        printf("Y\n");
    else
        printf("N\n");
    return 0;
}
```

4.7.2　实训 2　简单四则运算

1. 实训目的

(1) 使用 switch 语句实现多分支结构；
(2) 练习条件表达式的书写。

2. 实训内容及代码实现

任务描述：
茵茵今年已经六年级了，爸爸给她报了一个学习程序设计的班。第一节课上，老师演示的就是如何输入两个数和运算符，输出结果。以现在的你看来，挺容易的是不？那么，

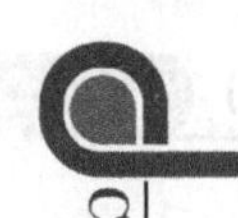

就请你也写出一个一样的程序吧。

输入：

第一行输入一个整数N，表示测试数据的组数(N<100)。每组测试数据占一行，是两个整数和运算符，分别为A,B,OP(+ − * /)；

输出：

输出A OP B 的结果，结果保留小数点后两位。

输入样例：

1

1 1 +

输出样例：

2.00

问题分析：根据运算符OP有四种可能：+ − * /，每种可能要进行不同种类的计算。因而本题需要构造多路分支，可使用if-else语句的嵌套(或规整写法)或者使用switch语句。

程序代码如下(ch04-7.c)：

```
/* ch04-7.c */
#include<stdio.h>
int main()
{
    int a,b,N,i;
    char op;
    scanf("%d",&N);
    for(i=1;i<=N;i++)              //做N次四则运算
    {
        scanf("%d %d %c",&a,&b,&op);
        switch(op)
        {
            case '+':printf("%.2f",a,b,(float)a+b);break;
            case '-':printf("%.2f",a,b,(float)a-b);break;
            case '*':printf("%.2f",a,b,(float)a*b);break;
            case '/':printf("%.2f",a,b,(float)a/b);break;
        }
    }
    return 0;
}
```

4.7.3　实训3　求一元二次方程的根

1. 实训目的

(1) 综合练习分支结构；

(2) 使用if-else语句实现多分支结构；

(3) 练习条件表达式的书写。

2. 实训内容及代码实现

任务描述：

求一元二次方程 ax^2+bx+c=0 的根。一元二次方程有无解、无穷个解、有限个解很多情况，根有实根、虚根，这些你都清楚吗？清楚的话就可以开始了。

输入：

测试数据有多组，每组输入三个整数 a、b、c 。

输出：

对于每组输入，如果有无解，则输出“no”，如果有有限个解，则输出解的个数及解(先输出大的再输出小的)。

输入样例：

0 0 2

5 6 1

9 6 9

输出样例：

no

2 -0.20 -1.00

2 -0.33+0.94i -0.33-0.94i

问题分析：输入为一元二次方程的系数，输出结果共有三种情况：当 a=0 时，不是一元二次方程；当 b^2-4*a*c>=0 时有实根；当 b^2-4*a*c<0 时有虚根。

程序代码如下(ch04-8.c)：

```
/* ch04-8.c */
#include<stdio.h>
#include<math.h>
int main()
{
  double a,b,c,disc,x1,x2,realpart,imagpart;
  while(scanf("%lf %lf %lf",&a,&b,&c)!=EOF)
  //用于处理循环输入，表示只要有输入即执行大括号里的操作
  {
      if(fabs(a)<=1e-6)//浮点数不能精确比较，此句表示 a==0
          printf("no\n");
      else
      {
          disc=b*b-4*a*c;
          if(fabs(disc)<=1e-6)
              printf("1 %.2f\n",-b/(2*a));
          else
              if(disc>1e-6)
              {
                  x1=(-b+sqrt(disc))/(2*a);
                  x2=(-b-sqrt(disc))/(2*a);
                  printf("2 %.2f %.2f\n",x1,x2);
              }
```

```
            else
            {
                realpart=-b/(2*a);
                imagpart=sqrt(-disc)/(2*a);
                printf("2 %.2f+%.2fi %.2f-%.2fi\n",
                realpart,imagpart,realpart,imagpart);
            }
        }
    }
    return 0;
}
```

4.8 习　　题

1．编程实现从键盘输入三个整数，将这三个数按从大到小的顺序排列起来。

2．编程实现输入 1 到 7 之间的某个数，输出表示一星期中相应的某一天的单词：Monday、Tuesday 等(提示使用 switch 语句)。

3．编写程序求 y 值(x 值由键盘输入)。

$$y=\begin{cases}\dfrac{\sin(x)+\cos(x)}{2} & (x\geqslant 0)\\[2ex] \dfrac{\sin(x)-\cos(x)}{2} & (x<0)\end{cases}$$

第 5 章　C 程序控制结构(2)

本章要点

- 循环结构的控制流程;
- 循环结构的三种语句实现：while 语句、for 语句以及 do-while 语句;
- 流程转移控制语句：break 语句、continue 语句;
- 结构化程序设计的基本思想;
- “自顶向下、逐步求精”的程序设计方法;
- 利用循环实现迭代求解、穷举法等基本算法。

本章难点

- 三种循环语句的区别;
- 流程转移控制语句的作用;
- 构成合法循环语句控制条件的语句实现。

C 程序有三种控制结构：顺序结构、选择结构以及循环结构。第 4 章已经介绍了顺序结构和选择结构。顺序结构是程序语句的基本执行流程，如果需要根据条件有选择地执行某些功能，就需要使用选择结构。但在解决含有重复执行某些操作的问题时，就需要使用循环结构。这类问题非常常见，如计算一个班级学生的总成绩，对一个班级学生的成绩进行排名。本章主要介绍三种循环控制语句实现循环结构控制流程，以及基本的算法以解决常见的循环控制问题。

5.1　为什么要使用循环

在实际的工作、学习和生活中，我们经常会遇到在一段有限的时间内去做一件或一系列有规律的重复性的事情，这就是一种循环的例子。在计算机程序设计中，也会处理一些有规律的重复性的数据运算、数据处理的事情，这就是计算机程序上的循环。

假如需要打印一个字符串“Welcome to C!”100 次，如果重复写这个语句 100 遍是相当烦琐的：

```
       printf("Welcome to C!");
       printf("Welcome to C!");
100次           ...
       printf("Welcome to C!");
```

C 语言提供了循环(loop)控制结构，用来控制一个操作或操作序列重复执行的功能。如上面功能可用 C 语句表示为：

```
for(i=1;i<=100;i=i+1)
{
```

```
        printf("Welcome to C!\n");
    }
```

上述代码表明，i 每执行一个 printf()后会加 1，当 i>100 时就不再重复执行 printf()了。由于 i 最初从 1 开始，每次执行在原值基础上加 1。这样当执行 100 次后，i 的值变为 101，就会结束重复执行操作。此时 printf()语句随着 i 的变化执行了 100 次，即输出 100 行“Welcome to C!”。

用循环语句实现诸如上述重复执行的某些操作是非常方便的，只需根据问题本身，采用确定的条件来控制它，让它在有限次的重复执行操作之后会顺利结束。

【例 5-1】计算并输出 1+2+3+…+100 的值。

算法分析：

如果要计算 1～3 的和，可以定义一个用于存储和的变量 sum。然后分别将 1，2，3 累加到 sum 中：sum=1+2+3;

如果要计算的是 1～100 的和呢？

考虑下面的语句：(sum、i 都是整型变量)

(1) sum=0;i=1;

(2) sum=sum+i;

(3) i=i+1;

第(1)条语句是对 sum 和 i 的初始化，sum=0 表示求和之前，该变量值为 0；i=1 表示 i 的值从 1 开始进行“每次加 1”操作。

执行第(2)、(3)条语句：

当 i=1，sum=0；执行语句(2)、(3)：sum=sum+i=0+1=1; i=i+1=1+1=2;

再重复执行语句(2)、(3)：sum=sum+i=1+2=3；i=i+1=2+1=3；

再重复执行语句(2)、(3)：sum=sum+i=3+3=6；i=i+1=3+1=4;

...

再重复执行语句(2)、(3)：当 i=100,sum=sum+i=4950+100=5050;i=i+1=100+1=101;

我们已经反复执行了 100 次语句(2)、(3)。将 1 到 100 都加到了 sum 当中，得到的 sum 值即为最终结果。

循环结构是按给定的条件重复地执行指定的程序段或模块。因而当需要重复执行某种功能时，我们选择循环结构。

在这个问题中，已知重复执行的功能是语句(2)、(3)，重复执行的次数是 100 次。

用流程图表示如图 5.1 所示。

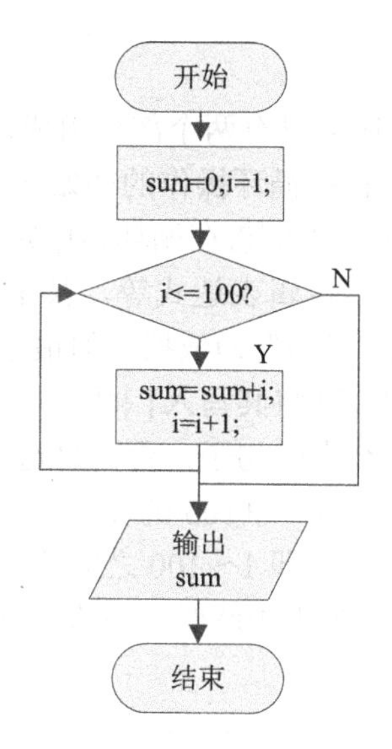

图 5.1　求 1～100 的和

5.2　三种循环语句

5.2.1　while 循环语句

while 语句的基本语法结构是：

```
while(表达式)
{
   语句;
}
```

其中表达式是循环条件，语句为循环体。当循环体由多条语句组成时，大括号不可以省略。

while 语句的语义是：计算表达式的值，当值为真(非 0)时，执行循环体语句之后回到条件处，继续计算表达式的值，当值为假(0)时，退出循环。其执行过程可用图 5.2 表示。

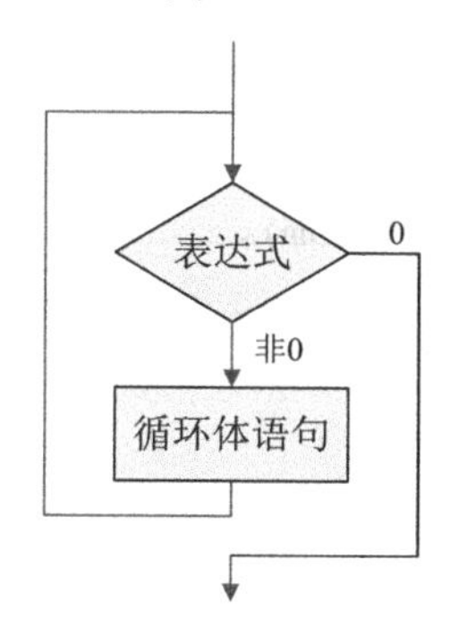

图 5.2　while 语句流程图

说明：

(1) 从外观上看，似乎 while 循环只有两个部分组成，但在实际应用中，while 循环通常由 4 个部分组成：循环初始化(包括循环操作的初始化及对循环控制的初始化)、循环条件(表达式)、循环体、改变循环控制的语句(在循环体中)；

(2) 表达式可以是条件表达式、逻辑表达式等，甚至可以是逗号表达式等，在判断是否执行循环体时，只是以“0”或“非 0”为依据，但最常见的情况还是条件表达式；

(3) 循环体中若多于 1 个语句，则将其写入{ }中；

(4) 循环体中应有使循环趋于结束的句子，否则易造成死循环。

【例 5-2】用 while 语句求 1+2+3+…+100 的和。

算法分析：被加数是很有规律的，即 1～100 之间所有的整数。只需将被加数设置为一个变量(初始值为 1)，当该变量小于等于 100 时，每次将它累加到 sum 后，再增加 1。流程图如图 5.3 所示。

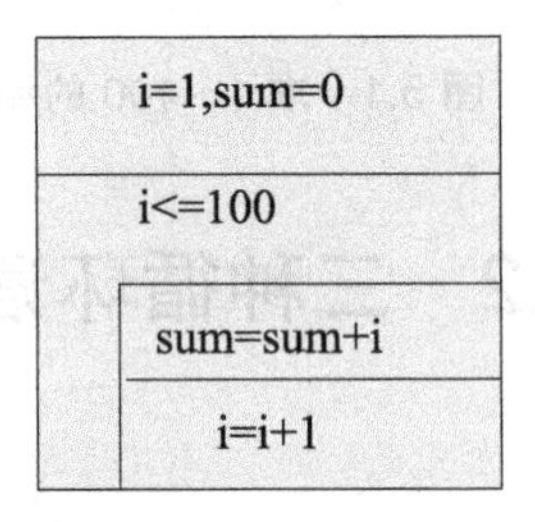

图 5.3　例 5.2 的 N-S 图

程序代码如下(ch05-1.c)：

```
/*ch05-1.c */
#include<stdio.h>
int main()
{
    int i,sum;
    sum=0;
    i=1;//初始化
    while(i<=100)//循环条件
    {
        sum=sum+i;//循环重复语句
        i=i+1;//改变循环变量的值
    }
    printf("1+2+3+...+100=%d",sum);
    return 0;
}
```

5.2.2　do-while 循环语句

do-while 语句的一般形式为：

```
do
{
```

```
    语句;
}while(表达式);
```

其执行过程的流程图如图 5.4 所示。

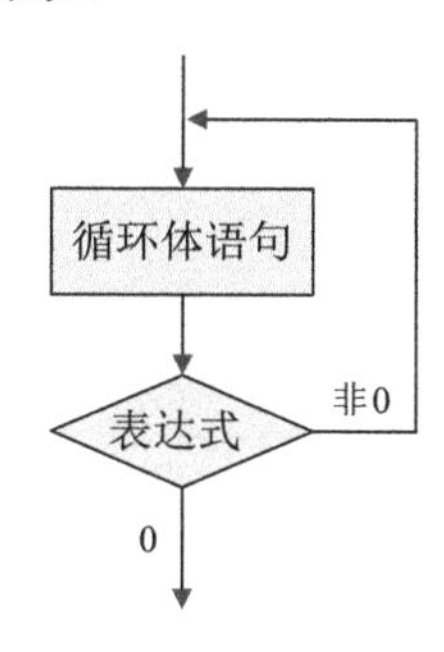

图 5.4　do-while 语句流程图

说明：

(1) 和 while 语句的相同点：这两个语句都可完成循环操作，对同一问题两者可相互转换。

(2) 和 while 语句的不同点：do-while 语句至少执行一次循环体，而 while 语句的循环体可一次也不执行；while 语句是先判断后执行，而 do-while 语句则是先执行后判断。

(3) 循环体包含一个以上的语句时，写入{ }。

(4) 与 while 循环相同，构造循环前需要先对循环控制进行初始化，在循环体中应有使循环趋于结束的语句。

【例 5-3】用 do-while 语句求 1+2+3+…+100 的和。

算法分析：用 do-while 循环求 1 到 100 的累加和算法用 N-S 图描述，如图 5.5 所示。

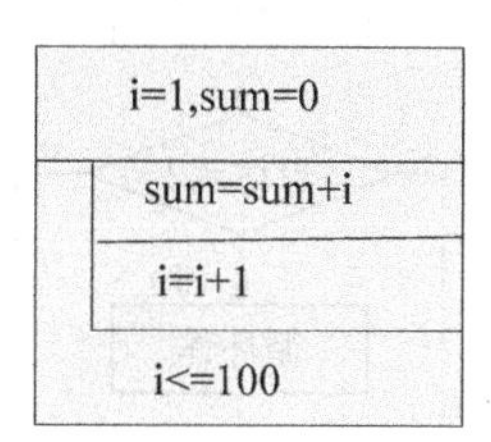

图 5.5　例 5-3 N-S 图

程序代码如下(ch05-2.c)：

```
/*ch05-2.c */
#include<stdio.h>
int main()
{
    int i,sum;
    sum=0;
    i=1;//初始化
    do
    {
        sum=sum+i;//循环重复语句
        i=i+1;//改变循环变量的值
```

```
    }while(i<=100);//循环条件，注意分号!
    printf("1+2+3+...+100=%d",sum);
    return 0;
}
```

5.2.3　for 循环语句

for 语句的语法表示如下：

```
for(表达式 1; 表达式 2; 表达式 3)
{
    语句序列;
}
```

它的执行过程如下。

(1) 先求解表达式 1。

(2) 求解表达式 2，若其值为真(非 0)，则执行 for 语句内的语句序列(通常称为循环体语句，如果循环体语句只有一条，大括号{}可省略)，然后执行下面第(3)步；若其值为假(0)，则结束循环，转到第(5)步。

(3) 求解表达式 3。

(4) 转回上面第(2)步继续执行。

(5) 循环结束，执行 for 语句下面的一个语句。

其执行过程可用图 5.6 表示。

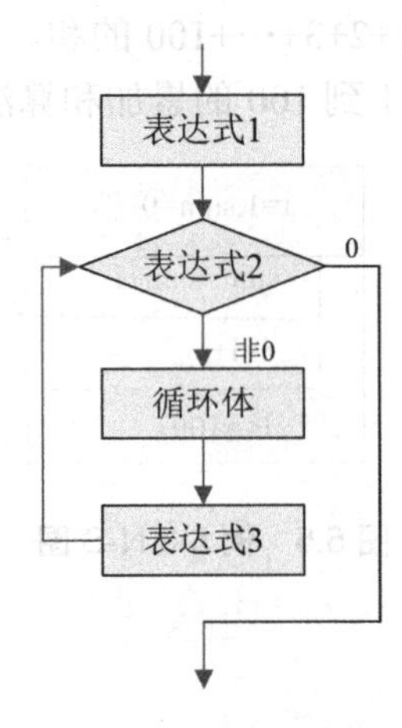

图 5.6　for 语句流程图

【例 5-4】用 for 语句求 1+2+3+…+100 的和。

使用 for 循环结构实现求上述算术式的和，程序代码如下(ch05-3.c)：

```
/* ch05-3.c */
#include<stdio.h>
int main()
{
    int i,sum;
    sum=0;
```

```
    for(i=1;i<=100;i++)
        sum=sum+i;
    printf("1+2+3+...+100=%d",sum);
    return 0;
}
```

程序结果：

```
1+2+3+...+100=5050
```

说明：

(1) for 循环中的“表达式 1(循环变量赋初值)”、“表达式 2(循环条件)”和“表达式 3(循环变量增量)”都是选择项，即可以缺省，但“；”不能缺省。例如可以将初始化放在循环的外面，则上面的循环语句可写成：i=1;for(;i<=100;i++)。

(2) 省略了“表达式 1(循环变量赋初值)”，表示在 for 语句内部不对循环控制变量赋初值。

(3) 省略了“表达式 2(循环条件)”，则不做其他处理时便成为死循环。

例如：

```
for(i=1;;i++)sum=sum+i;
```

相当于条件是永真的，因此没有结束状态，这种情况在程序设计中是不允许的，通常称为死循环，我们在程序设计中应该避免此情况的出现。

(4) 省略了“表达式 3(循环变量增量)”，则不对循环控制变量进行操作，这时可在语句体中加入修改循环控制变量的语句。

例如：

```
for(i=1;i<=100;)
{sum=sum+i;
      i++;}
```

(5) “表达式 1”可以是设置循环变量的初值的赋值表达式，也可以是其他表达式。

例如：

```
    for(sum=0;i<=100;i++)sum=sum+i;
```

(6) “表达式 1”和“表达式 3”可以是一个简单表达式也可以是逗号表达式。

```
for(sum=0,i=1;i<=100;i++)sum=sum+i;
```

(7) “表达式 2”一般是关系表达式或逻辑表达式，但也可是数值表达式或字符表达式，只要其值非零，就执行循环体。

例如：

```
    for(i=0;(c=getchar())!='\n';i+=c)
```

又如：

```
    for(;(c=getchar())!='\n';)
        printf("%c",c);
```

(8) 在构造循环的表达式中“增量值”可以是负数，在这种情况下它是一个减量，循

环计数值是递减的，同时初值要大于终值，循环的条件为控制变量大于终值。

例如：

```
for(i=100;i>0;i--)
```

(9) 如果进入循环后，“表达式 2”即为假，则循环体一次也不执行。

5.3 计数控制的循环

在循环开始之前，就已经知道循环的次数，这种循环称为确定性循环(Definite repetition)，又被称为计数控制的循环。

在计数控制循环中，需要采用一个控制变量来记录当前已循环的次数。每当循环体被重复执行一遍时，这个控制变量就要通过递增或递减向结束条件靠近。当控制变量的值表示已经执行了正确的循环次数时，循环结束，继续执行循环语句后面的下一条语句。

使用计数型循环的要求如下。

(1) 定义控制变量(或者循环计数器变量)。

(2) 给控制变量赋初值。

(3) 定义每次循环后控制变量的增量值(或减量值)。

(4) 测试控制变量是否满足循环终值条件(即判断循环是否还要继续)。

【例 5-5】求 2+4+6+…+100 的和，并将结果输出。

程序代码如下(ch05-4.c)：

```
/* ch05-4.c */
#include<stdio.h>
int main()
{
    int i,sum;
    sum=0;
    for(i=2;i<=100;i=i+2)//i 为控制变量；初值为 2，增量为 2，终止值是 100
    {
        sum=sum+i;
    }
    printf("2+4+6+...+100=%d",sum);
    return 0;
}
```

运行结果：

```
2+4+6+...+100=2550
```

【例 5-6】请按逆序输出 1 到 10 的自然数。

程序代码如下(ch05-5.c)：

```
/* ch05-5.c */
#include<stdio.h>
int main()
{
    int i;
```

```
    for(i=10;i>=1;i--)
    {
      printf("%d ",i);
    }
    return 0;
}
```

运行结果：

```
10 9 8 7 6 5 4 3 2 1
```

5.4　标记控件的循环

在设计循环结构时，应清楚每次循环要执行的语句是什么，即循环体，还要确定循环在什么情况下会结束，以便于控制循环的执行。然而，并不是所有的循环在执行之前都能够计算出具体的执行次数。

【例 5-7】求某个班级学生 C 程序设计课程测验成绩的平均分。

问题分析：平均分的计算方法是，全班同学分数的总和除以学生人数。首先应该输入班级中每一名学生的成绩，然后计算平均分，最后打印结果。由于学生人数有多个，可以使用循环来逐个输入学生的成绩，并将成绩累加到总成绩当中，最后再计算平均分。此问题中学生人数不确定，如何来控制循环的执行次数呢？

解决方法：可以设计一个标记作为判定循环执行的条件，当输入成绩等于标记值时，表示“成绩输入结束”。当正常的成绩数据都已经提供给程序后，就应输入标记值，以表示成绩输入的结束，所以，标记值要与正常的成绩值截然不同。比如，可以将标记值设为-1。

算法描述：根据上述分析，流程图如图 5.7 所示。

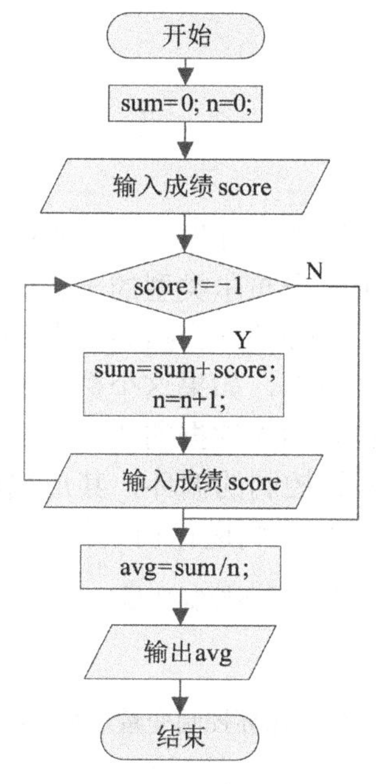

图 5.7　求平均成绩流程图

程序代码如下(ch05-6.c):

```
/* ch05-6.c */
#include<stdio.h>
int main()
{
    int n,score;
    float sum,avg;
    sum=0.0;n=0;
    printf("Input the Score:\n");
    scanf("%d",&score);
    while(score!=-1)
    {
        sum=sum+score;
        n=n+1;
        printf("Input the Score:\n");
        scanf("%d",&score);
    }
    avg=sum/n;
    printf("the average score is:%.2f",avg);

    return 0;
}
```

运行结果:

```
Input the Score:
60
Input the Score:
70
Input the Score:
80
Input the Score:
-1
the average score is:70.00
```

上面的例子中，需要输入一组数据，并以一个区别于这些数据的特殊值作为输入数据的结束。对于这类问题，通常使用一个布尔类型的表达式判断是否某个变量等于标志值。假设这个变量记为variable，特殊的标记值记为flag，构造的判定表达式为variable!=flag。在构造循环前，首先需要输入一个数据，如果这个数据值不等于标记值，则进入循环。为能够输入多个数据，在循环体中包含输入数据的语句，循环将一直继续，直到输入的数据值等于标记值，这样的循环称为标记控制的循环，其形式可以描述如下：

```
输入数据给变量 variable;//对循环控制进行初始化

while (variable!=flag) //测试循环控制变量
{
    …
    输入数据给变量 variable //对循环控制变量进行修改
    …
}
```

变量 variable 用来控制循环的执行，被称为标记变量(或称监视哨变量)。正如例 5-7 中，变量 score 为标记变量，标记值为-1，当表达式 score!=-1 为真时，测试循环控制值为真，执行循环。当表达式 score!=-1 为假时，测试循环控制值为假，退出循环。循环体中，对循环控制变量的修改语句为输入 score 值，因为这条语句会有一个时刻输入-1，使表达式 score!=-1 为假，进而退出循环。

采用标记值来控制循环，是因为：

(1) 循环的准确次数事先是未知的。

(2) 每次循环都包含输入数据的语句。

标记值表示“数据结束”。当正常的数据项都已经提供给程序后，就应输入标记值，以表示数据输入的结束，所以，标记值要与正常的数据项截然不同。

【例 5-8】输入一行字符，求其中字母、数字和其他符号的个数。

程序代码如下(ch05-7.c)：

```
/* ch05-7.c */
#include<stdio.h>
int main( )
{
    char c;
    int letters=0,digit=0,others=0;
    printf("Please input a line characters\n");
    while ((c=getchar( ))!='\n')//循环控制的条件为输入的字符不是回车换行
    {
        if(c>='a' && c<='z' || c>='A' && c<='Z' )
           letters++;
        else
           if (c>='0' && c<='9')
              digit++;
           else
              others++;
    }
    printf("letters=%d,digit=%d,others=%d",letters,digit,others);
    return 0;
}
```

运行结果：

```
Please input a line characters
ab81sd3&1*
letters=4,digit=4,others=2
```

5.5　几种循环语句的比较

至此已经介绍了 C 语言的三种循环语句：for 循环、while 循环和 do-while 循环。下面对三种循环进行比较。

(1) C 语言的三种循环语句可以用来处理同一问题，一般情况下可以互换。但是功能和

灵活程度不同：for 语句功能最强，最灵活，任何循环都可以用 for 语句实现；for 语句经常用于构造计数型循环，while 语句多用于构造标记型循环；do-while 语句多用于循环至少执行一次的结构。

(2) while 语句和 do-while 语句的循环变量初始化是在循环语句之前完成，而 for 语句循环变量的初值是在 for 语句中的“表达式 1”中实现。

(3) for 循环语句中的第 1 个和第 2 个表达式可以是逗号表达式，它扩充了 for 语句的作用范围，使它有可能同时对若干参数(如循环变量、重复计算数等)进行初始化和修正等。如下面的代码段：

```
int sum,n;
for(sum=0,n=1;n<=100;n++)
{
        sum+=n;
}
```

(4) for 语句和 while 循环语句是先判断循环条件，后执行循环体；而 do-while 循环语句则是先执行一次循环体，然后才判断循环条件。因此，后者不管什么情况，都至少执行一次循环体。比较下面代码：

int sum,n;
sum=0,n=101;
while (n<=100)
{
    sum+=n;
    n++;
}
	int sum,n;
	sum=0,n=101;
	do
	{
	    sum+=n;
	    n++;
	}while (n<=100);

5.6 循 环 嵌 套

一个循环体内又包含另一个完整的循环结构，称为循环的嵌套。

【例 5-9】打印如下所示的数字三角形：

```
1
1 2 3
1 2 3 4 5
1 2 3 4 5 6 7
```

问题分析：上面打印的图形是一个矩阵，假设行数为 i，每行打印的数字个数为 2*i−1 个，且数字的值为从 1 至 2*i−1 每次递增 1。可以利用循环，一共输出 i(i 从 1 到 4)行数字。利用“自顶向下、逐步求精”的思想，伪码如下：

```
for(i=1;i<=4;i++)
{
   Print one line: the value is from 1 to 2*i-1//连续输出从1到2*i-1的值
   Enter new line// 回车换行
}
```

连续输出从 1 到 2*i-1 的伪码如下：

```
for(j=1;j<=2*i-1;j++)
{
    Print the value of j;//输出j的值
}
```

程序代码如下(ch05-8.c)：

```
/* ch05-8.c */
#include<stdio.h>
int main()
{
    int i,j;
    for(i=1;i<=4;i++)//控制行，控制变量为i
    {
        for(j=1;j<=2*i-1;j++)//控制列，控制变量为j
            printf("%d ",j);
        printf("\n");
    }

    return 0;
}
```

注意：

在本例当中，有两层循环，外层循环由控制变量 i 控制，i 的取值由 1 变到 4，每执行一次循环体，i 的值递增 1。外层循环的循环体为一个循环语句加一个回车换行，这个循环体中的循环语句由于在外层循环的内部，称为内层循环。由于内层循环是外层循环的循环体语句，因而，当 i 满足条件时，内层循环要从初始值(j=1)变到终止值(j=2*i-1)。外层循环通过控制变量 i 控制行，内层循环通过控制变量 j 控制列，每输出一行，对应输出该行当中所有列对应的数据。

循环嵌套总结如下。

(1) 外层循环执行一次，内层循环执行一遍。

(2) 内层循环与外层循环要由不同的控制变量控制。

(3) 循环相互嵌套时，被嵌套的一定是一个完整的循环结构，即两个循环结构只能包含，不能相互交叉。

(4) 循环理论上嵌套的层数可以是多层，但从算法效率上考虑，一般嵌套的层数多为两层。

(5) 循环嵌套时，可以使用三种循环语句中的任何一种形式。

5.7　流程转移控制语句

C 语言提供了 4 种用于控制流程转移的跳转语句：goto 语句、break 语句、continue 语句和 return 语句。其中，return 语句将在第 8 章函数部分进行介绍。

break 语句和 continue 语句在循环中所起的作用是：改变程序的控制流程。我们在 switch 分支语句中用到过 break 语句，其功能是跳出 switch 结构，以执行 switch 语句后面的其他语句。

上面介绍的三种循环，都是根据循环判断表达式为 0 来控制循环结束，这种结束是正常结束。而在实际应用中，有时还要求在循环的中途退出循环，这是一种非正常的循环退出。实现非正常的循环退出的语句有 break、continue。

5.7.1 goto 语句

goto 语句为无条件转向语句，一般形式为：

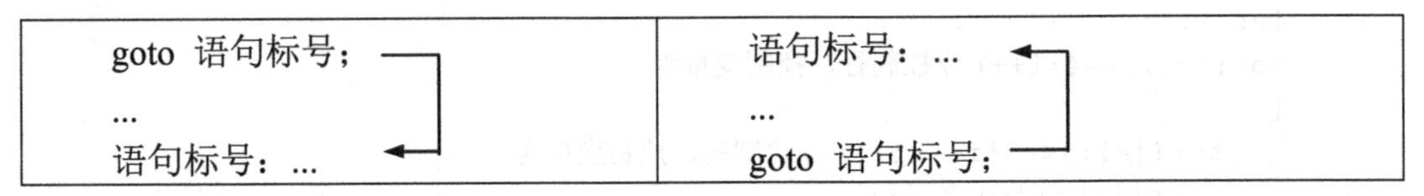

它的作用是无须任何条件直接使程序跳转到语句标号所标识的语句去执行，语句标号代表 goto 语句转向的目标位置，其命名规则与变量名相同，不能用整数作语句标号。

利用 goto 语句可以实现循环控制，如下面程序：

```
flag:printf("%d ",i);
        i=i+1;
    if(i<=10)
      goto flag;
```

输出结果是：

```
1 2 3 4 5 6 7 8 9 10
```

注意：

由于 goto 语句破坏了良好的代码风格，因而不建议使用 goto 语句。

5.7.2 break 语句

格式：break;

作用：

(1) 在 switch 语句中，break 语句使流程跳转到 switch 语句后继续执行；

(2) 用于 while、do-while 和 for 语句时，表示提前结束循环；

(3) 用于循环的嵌套结构时，表示从最近的封闭循环体内跳出；

(4) 不能用于上述四种语句之外的任何语句。

【例 5-10】编一个程序，求出 2 和 100 之间的素数。

问题分析：素数就是只能被 1 和它们自身整除的数。判断一个数是不是素数，是用此数之间的所有数来试除，看其是否能被整除。如果都不能被整除，则认为该数是素数，否则不是素数。

程序代码如下(ch05-9.c)：

```
/* ch05-9.c */
#include<stdio.h>
int main()
{
    int i,j;
    for(i=2;i<=100;i++)
    {//判断 i 是否为素数
        for(j=2;j<i;j++)
        {
            if(i%j==0)
              break;
        }
        //如果 i 是素数则输出
        if(j==i)//条件成立，表示正常退出循环，i 是素数
            printf("%d ",i);
    }
    return 0;
}
```

运行结果：

```
2 3 5 7 11 13 17 19 23 29 31 37 41 43 47 53 59 61 67 71 73 79 83 89 97
```

总结：

本例中，break 语句所起的作用是退出内层循环，即当条件满足时，执行 break 功能，表示的逻辑是：当数字 i 能够整除 2 至 i-1 区间的任意一个数，即可否定 i 是素数，则没有必要再继续判断了。如果循环是正常情况下退出的，那么从 2 至 i-1 区间的任何一个数都没有整除过，即可断定该数是素数。正常退出时 j==i 的，因而可以通过这个条件判定 i 是素数，并将其输出。这类问题属于“一次否定，累次肯定”。

上述问题中，除了可以通过条件 i==j 来判定素数，还可以设置一个标志变量来存储“肯定”与“否定”的信息。程序代码如下(ch05-10.c)：

```
/* ch05-10.c */
#include<stdio.h>
int main()
{
    int i,j;
    int flag;
    for(i=2;i<=100;i++)
    {//判断 i 是否为素数
        flag=1;//初始化，假设 i 是素数
        for(j=2;j<i;j++)
        {
            if(i%j==0)
            {
               flag=0;//否定了 i 是素数
               break;
            }
        }
```

```
        //如果 i 是素数则输出
        if(flag)//条件成立，表示从来没被否定，i 是素数
            printf("%d ",i);
    }
    return 0;
}
```

5.7.3 continue 语句

格式：continue;

作用：结束本次循环。

说明：

(1) continue 语句只能用于 while、do-while 和 for 语句中；

(2) 与 break 语句的区别：continue 语句只结束本次循环，从而进入下一次循环的条件判断，而 break 语句则结束整个循环过程。

【例 5-11】编程求从键盘上输入的 10 个数中所有正数之和。

程序代码如下(ch05-11.c)：

```
/* ch05-11.c */
#include<stdio.h>
int main( )
{
  int i,num,sum;
  sum=0;
  printf("please input number:\n");
  for(i=1;i<=10;i++)
  {
     scanf("%d",&num);
     if(num<0)
       continue;//回到循环条件，不执行下面的语句
     sum+=num;
  }
printf("sum=%d",sum);
return 0;
}
```

运行结果：

```
please input number:
1 -1 2 8 -2 5 -1 6 3 1
sum=26
```

5.8 结构化程序设计的核心思想

结构化程序设计的概念最早由 E.W.Dijikstra 在 1965 年提出，是软件发展的一个重要里程碑。它的主要观点是采用“自顶向下、逐步求精”及模块化的程序设计方法；使用三种

基本控制结构构造程序，这三种控制结构是顺序、选择以及循环。

结构化程序设计是一种程序设计的原则和方法，按照这种原则和方法设计的程序具有结构清晰、容易阅读、容易修改、容易验证等特点。

结构化程序设计的基本思想归纳起来有以下三点。

(1) 采用顺序、选择和循环三种基本结构作为程序设计的基本单元，用这三种基本结构编写的程序具有如下 4 个特性。

① 只有一个入口。

② 只有一个出口。

③ 无死语句，即不存在永远都执行不到的语句。

④ 无死循环，即不存在永远都执行不完的循环。

(2) 结构化程序设计认为，goto 语句是有害的，理由是 goto 语句可以不受限制地转向程序中的任何地方，使程序流程随意转向，从而破坏了结构化程序要求的“单进单出”结构。一旦使用不当，将导致编写的程序流程混乱不堪，影响程序的可读性。

(3) 采用“自顶向下、逐步求精”(详细描述见 5.9 节)的模块化方法进行结构化程序设计。

5.9　“自顶向下、逐步求精”的设计方法

“自顶而下、逐步求精”的设计思想，其出发点是从问题的总体目标开始，抽象低层的细节，先专心构造高层的结构，然后再一层一层地分解和细化。这种方法是对一个具体问题进行“划分”，先全局再局部，先整体后细节，先抽象再具体的过程。其目的是把一个相对较复杂的问题，通过多层次的细化，逐步接近问题的解的过程，即将问题分解的过程。

用逐步求精技术求解问题的大致步骤如下。

① 对实际问题进行全局性分析、决策，确定数学模型。

② 确定程序的总体结构，将整个问题分解成若干相对独立的子问题。

③ 确定子问题的具体功能及其相互关系。

将各子问题逐一精细化，直到能用确定的高级语言描述为止。

绝大多数程序都可以从逻辑上划分为三个阶段。

(1) 初始化阶段——对程序中的变量进行初始化;

(2) 处理阶段——接收用户的数据输入并相应地改变程序中的变量值;

(3) 结束阶段——计算并打印最终的结果。

在设计算法时，我们对求解的问题按照上述阶段逐步求精，最后将具体问题求解。

【例 5-12】按要求实现下面功能。

描述如下：一个培训班为准备参加 C 语言等级考试的学生提供考前辅导。去年有 10 名学生参加了这门课程的学习并参加了考试。为了统计培训后的效果，请你设计一个程序来对考试结果进行汇总。现在你手头上得到了一份学生名单。名单上每个学生都用“1”表示通过考试，“2”表示未通过考试。

你设计的程序应具有如下功能：

输入每一个学生的考试结果(“1”或“2”)。

统计每种考试结果的个数。

显示通过考试的学生总数和未通过考试的学生总数。

如果通过考试的学生总数超过 8 名，则显示“可提高学费”。

问题分析：

(1) 这个程序要处理 10 个考试成绩，可以采用计算控制的循环结构。

(2) 考试结果是一个整数，要么是 1，要么是 2。设置两个计数器变量，用来统计考试通过及未通过的学生人数。每读入一个结果，程序必须判断它是 1 还是 2，如果是 1 在表示通过的计数器变量上加 1，否则在表示未通过的计算器变量上加 1。

(3) 在程序读入了所有学生成绩后，它必须判断通过考试的学生总数是否超过 8 名。

下面采用“自顶向下、逐步求精”的算法设计过程：

最“顶”的伪码：

Analyze exam results and decide if tuition should be raised(分析考试结果以判断是否要提高学费)

第一次求精：

Initialize variables(初始化变量)

Input Data(输入数据)

Print a summary of the exam results and decide if tuition should be raised(计算并输出平均成绩)

第二次求精：

分析需要接收和处理的数据包括：两个计数器变量，一个用于存储通过考试的人数，另一个用于存储未通过考试的人数；分别定义两个整型变量 passes 与 failures 用于存储考试通过与未通过的人数。

此外，还需要一个变量用于每次接收一个学生成绩，成绩的取值为“1”或“2”，用一个整型变量 score 用来表示成绩。

设置一个学生总人数的计数器变量 i，其值从 1 开始，计数到 10(共 10 名学生)。

因此：

Initialize variables 的第二次求精伪码为：

Initialize passes to zero;
Initialize failures to zero;
Initialize i to 1

接下来再对 Input Data 进行第二次求精：

这条语句需要一个循环结构来实现成绩的逐个输入，由于学生人数确定可知循环次数。可构造 for 循环完成 10 个学生成绩的输入，每输入一个成绩判断其值，然后加到对应的计数器变量中，并让计数器控制变量增 1，表示处理完成一名学生，接下来处理下一个学生。则 Input Data 的第二次求精的伪码为：

```
While student counter is less than or equal to 10
    Input a score
```

```
    If the student passed
        Add one to passes
    Else
        Add one to failures
    Add one to the I counter
```

同理再对 Print a summary of the exam results and decide if tuition should be raised 进行第二次求精，结果是：

```
Print the number of passes
Print the number of failures
If more than eight students passed
    Print "Raise tuition"
```

则对该问题的第二次求精之后的伪码如下：

```
Initialize passes to zero;
Initialize failures to zero;
Initialize i to 1

While student counter is less than or equal to 10
    Input a score

    If the student passed
        Add one to passes
    Else
        Add one to failures
    Add one to the I counter

Print the number of passes
Print the number of failures
If more than eight students passed
    Print "Raise tuition"
```

只要求精得到的伪码算法能够为你将其转化成 C 语言源程序提供足够多的细节信息，就可以结束“自顶向下、逐步求精”的求解过程了。有了精化/细化的伪码算法，将其转化成 C 程序将非常容易，例 5-12 的程序代码如下(ch05-12.c)：

```
/* ch05-12.c */
#include<stdio.h>
int main()
{
   int passes=0;
   int failures=0;
   int i=1;
   int result;

   while(i<=10)
   {
      printf("Enter result(1=pass,2=fail:)");
```

```
        scanf("%d",&result);
        if(result==1)
          passes++;
        else
          if(result==2)
             failures++;
        i++;
    }

    printf("passed %d\n",passes);
    printf("failed %d\n",failures);
    if(passes>8)
      printf("Raise tuition\n");
    return 0;
}
```

程序的运行结果为：

```
Enter result(1=pass,2=fail:)1
Enter result(1=pass,2=fail:)2
Enter result(1=pass,2=fail:)2
Enter result(1=pass,2=fail:)1
Enter result(1=pass,2=fail:)1
Enter result(1=pass,2=fail:)1
Enter result(1=pass,2=fail:)2
Enter result(1=pass,2=fail:)1
Enter result(1=pass,2=fail:)1
Enter result(1=pass,2=fail:)2
passed 6
failed 4
Enter result(1=pass,2=fail:)1
Enter result(1=pass,2=fail:)1
Enter result(1=pass,2=fail:)1
Enter result(1=pass,2=fail:)2
Enter result(1=pass,2=fail:)1
Enter result(1=pass,2=fail:)1
Enter result(1=pass,2=fail:)1
Enter result(1=pass,2=fail:)1
Enter result(1=pass,2=fail:)1
Enter result(1=pass,2=fail:)1
passed 9
failed 1
Raise tuition
```

5.10　本 章 小 结

本章主要介绍了循环结构的流程控制以及三种循环语句，循环结构用于解决重复执行某些操作的问题，重复执行的操作要在有限次执行后结束，执行的次数取决于对循环条件

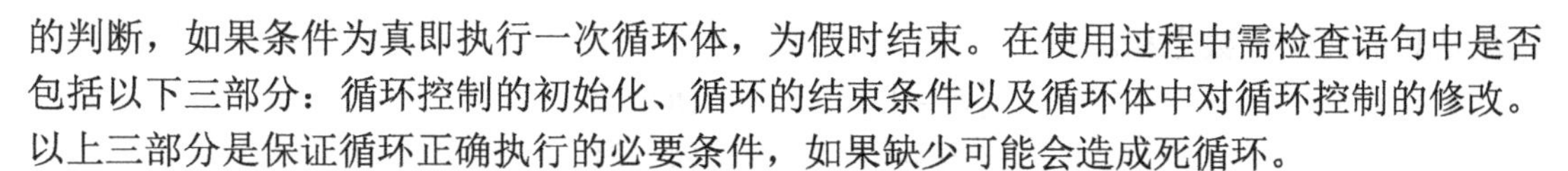

的判断，如果条件为真即执行一次循环体，为假时结束。在使用过程中需检查语句中是否包括以下三部分：循环控制的初始化、循环的结束条件以及循环体中对循环控制的修改。以上三部分是保证循环正确执行的必要条件，如果缺少可能会造成死循环。

break 语句和 continue 语句会改变循环的控制流程，在使用时需特别注意。

用结构化程序设计方法解决问题的过程是一个“自顶向下、逐步求精”的过程，请同学们结合具体问题，将大问题划分成基本的子问题，而这些子问题是你可以确定用高级语言求解的问题。当这些子问题解决了，对应的大问题也得解。

5.11 上机实训

5.11.1 实训1 求斐波那契(Fibonacci)数列

1. 实训目的

(1) 练习使用循环结构控制；

(2) 用迭代方法解决问题。

2. 实训内容及代码实现

任务描述：

斐波那契数列是指这样的数列：数列的第一个和第二个数都为“1”，接下来每个数都等于前面 2 个数之和。如下数列即是斐波那契数列：1 1 2 3 5 8 13…

输入：

第 1 行是测试数据的组数 n，后面跟着 n 行输入。每组测试数据占 1 行，包括一个正整数 a(1 <= a <= 20)。

输出：

输出有 n 行，每行输出对应一个输入。输出应是一个正整数，为斐波那契数列中第 a 个数的大小。

输入样例：

4

5

2

19

1

输出样例：

5

1

4181

1

问题分析：已知斐波那契数列有如下特点：第 1、2 两个数为 1、1。从第 3 个数开始，

该数是其前面两个数之和。即:

$$\begin{cases} F_1 = 1 & (n=1) \\ F_2 = 1 & (n=2) \\ F_n = F_{n-1} + F_{n-2} & (n \geqslant 3) \end{cases}$$

下面采用迭代求解法，算法流程如图 5.8 所示。

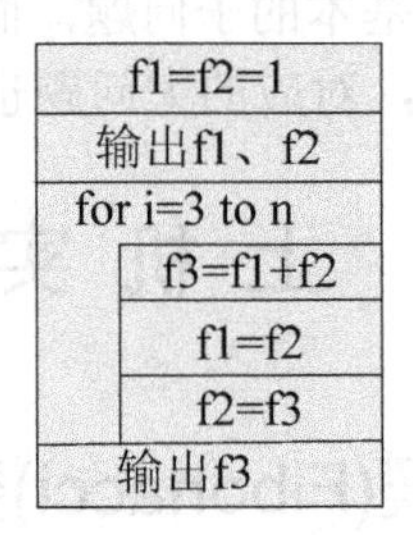

图 5.8　Fibonacci 数列第 n 项求解流程图

程序代码如下(ch05-13.c)：

```
/* ch05-13.c */
#include<stdio.h>
int main()
{
    int f1,f2,f3,i,n,j,a;
    scanf("%d",&n);
    for(i=1;i<=n;i++)
    {
        f1=f2=f3=1;
        scanf("%d",&a);
        for(j=3;j<=a;j++)
        {
            f3=f1+f2;
            f1=f2;
            f2=f3;
        }
        printf("%d\n",f3);
    }
return 0;
}
```

5.11.2　实训 2　鸡兔同笼

1. 实训目的

(1) 练习使用循环控制结构及循环语句；

(2) 学会用穷举法解决问题。

2. 实训内容及代码实现

任务描述：

一个笼子里面关了鸡和兔子(鸡有 2 只脚，兔子有 4 只脚，没有例外)。已经知道了笼子里面头的数量是 a，脚的总数 b，问笼子可能有多少只鸡，有多少只兔？如果没有满足要求的答案，则输出 0。

输入：

第 1 行是测试数据的组数 n，后面跟着 n 行输入。每组测试数据占 1 行，每行一个正整数 a ,b(a,b < 32768)。

输出：

输出包含 n 行，每行对应一个输入，包含两个正整数，第一个是鸡的数量，第二个是兔子的数量。两个正整数用一个空格分开，如果没有满足要求的答案，则输出两个 0。

输入样例：

2

30 90

20 20

输出样例：

15 15

0 0

问题分析：

假设有 x 只鸡，y 只兔子。则

x+y=a;

2*x+4*y=b;

下面介绍一种称为“穷举法”或“枚举法”的解决过程。分析如下：

所谓“穷举法”就是将所有可能的方案都逐一测试，从中找出符合指定要求的解答。即把集合中的元素一一列举，不重复，不遗漏，从而计算出元素的个数。

若笼子里全是鸡，则 x 可能的取值范围是 1～a；在此范围内兔子可能取值范围也在 1～a；

如果 x 和 y 满足下面式子 x+y=a 和 2*x+4*y=b，则是合法的鸡和兔子的数据。该方法对鸡和兔子的可能取值的每个可能都进行尝试，如果满足条件，则是问题的解。

程序代码如下(ch05-14.c)：

```
/*ch05-14.c */
#include<stdio.h>
int main()
{
    int a,b,x,y,n,i;
    int flag;//设置标志，用于判断是否问题有解
    scanf("%d",&n);
    for(i=1;i<=n;i++)
    {
        scanf("%d%d",&a,&b);
        flag=1;
```

```
        for(x=1;x<a;x++)
        {
           for(y=1;y<=a;y++)
              if(x+y==a&&2*x+4*y==b)
              {
                 printf("%d %d\n",x,y);
                 flag=0;
              }
        }
       if(flag)
          printf("0 0\n");
    }
    return 0;
}
```

5.11.3 实训 3 求水仙花数

1. 实训目的

(1) 练习使用循环控制结构及循环语句；

(2) 用迭代求解法解决类似水仙花数的问题。

2. 实训内容及代码实现

任务描述：

春天是鲜花的季节，水仙花就是其中最迷人的代表，数学上有个水仙花数，其是这样定义的："水仙花数"是指一个三位数，它的各位数字的立方和等于其本身。比如：153=1^3+5^3+3^3。现在要求输出所有在 m 和 n 范围内的水仙花数。

输入：

输入数据有多组，每组占一行，包括两个整数 m 和 n(100<=m<=n<=999)。

输出：

对于每个测试实例，要求输出所有在给定范围内的水仙花数，就是说，输出的水仙花数必须大于等于 m，并且小于等于 n，如果有多个，则要求从小到大排列在一行内输出，之间用一个空格隔开；如果给定的范围内不存在水仙花数，则输出 no；每个测试实例的输出占一行。

输入样例：

100 120

300 380

输出样例：

no

370 371

问题分析：解决此问题需要知道三位数的每一位。然后利用判断条件判断是否是水仙花数。假设一个三位数 x 的个位、十位、百位数字分别是 a,b,c，则 a=x%10，b=x/10%10，c=x/100。

程序代码如下(ch05-15.c)：

```
/* ch05-15.c */
#include<stdio.h>
int main()
{
    int i,a,b,c,m,n,flag;
    while(scanf("%d%d",&m,&n)!=EOF)//处理多组循环输入
    {
        flag=1;
        for(i=m;i<=n;i++)
        {
            a=i%10;
            b=i/10%10;
            c=i/100;
            if(a*a*a+b*b*b+c*c*c==i)
            {
              printf("%d ",i);
              flag=0;
            }
        }
        if(flag)
          printf("no\n");
        else
          printf("\n");
    }
    return 0;
}
```

5.11.4　实训 4　求π的近似值

1. 实训目的

(1) 练习使用循环控制结构及循环语句；

(2) 非计数型循环的控制方法；

(3) 学会利用循环解决诸如级数求和类问题。

2. 实训内容及代码实现

任务描述：

用 $\frac{\pi}{4}\approx 1-\frac{1}{3}+\frac{1}{5}-\frac{1}{7}+\cdots$ 公式求π的近似值，直到发现某一项的绝对值小于 10^{-6} 为止。

输出：

输出π的近似值。输出结果保留小数点后 8 位。

问题分析：根据公式可知，π的近似值的 1/4 是各项的累加和，而每项有如下规律：每项的分子都是 1；后一项的分母是前一项的分母加 2；第 1 项的符号为正，从第 2 项起，每

一项的符号与前一项的符号相反。即有：$\dfrac{1}{n} \longrightarrow -\dfrac{1}{n+2}$。

N-S 图如图 5.9 所示。

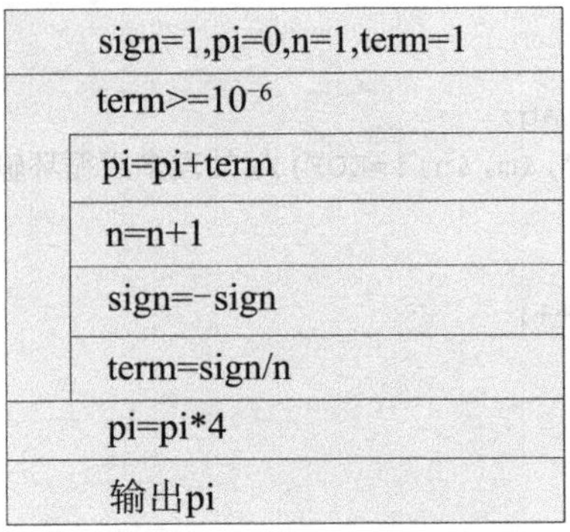

sign=1,pi=0,n=1,term=1	
term>=10^{-6}	
	pi=pi+term
	n=n+1
	sign=−sign
	term=sign/n
pi=pi*4	
输出pi	

图 5.9　求π的近似值 N-S 图

程序代码如下(ch05-16.c)：

```
/* ch05-16.c */
#include <stdio.h>
#include <math.h>
int main()
{
    int sign=1;
    double pi=0,n=1,term=1;
    while(fabs(term)>=1e-6)
    {
        pi=pi+term;
        n=n+2;
        sign=-sign;
        term=sign/n;
     }
    pi=pi*4;
    printf(".8lf\n",pi);
    return 0;
}
```

运行结果：

```
3.14159065
```

5.12　习　　题

1．编写一个程序，要求读入一个整数，求每一位的和，如 1234，输出 1+2+3+4=10。

2．编写程序求 1000 之内的所有完数。一个数如果恰好等于它的因子之和，这个数就称为“完数”，如：6=1+2+3。

3．编程实现打印出以下图形：

```
   *
  ***
 *****
*******
 *****
  ***
   *
```

4．有一分数序列$\frac{2}{1},\frac{3}{2},\frac{5}{3},\frac{8}{5},\frac{13}{8},\frac{21}{13},...$，求出这个数列的前20项之和。

5．编写一个程序，输入两个正整数求最大公约数及最小公倍数。

6．编写一个程序，要求如下：两个乒乓球队进行比赛，各出三人，甲队为A、B、C三人，乙队为X、Y、Z三人，已知抽签决定比赛名单。有人向队员打听比赛的名单，A说他不和X比，C说他不和 X、Z比，请编写程序找出三对赛手的名单。

第6章　数　　组

本章要点

- 数组的定义、引用和初始化；
- 字符数组的定义与使用；
- 二维数组和多维数组。

本章难点

- 数组名的特殊含义；
- 字符串的复制、比较等操作方法；
- 循环与数组结合解决问题。

数组是一个由若干同类型变量组成的集合，引用这些变量时可用同一名字。数组均由连续的存储单元组成，最低地址对应于数组的第一个元素，最高地址对应于最后一个元素，数组可以是一维的，也可以是多维的。利用数组可以实现对类型相同的一批大量数据进行处理的问题。

6.1　为什么要使用数组

数组是C语言的一种重要的数据结构。为什么要用数组？如何使用数组呢？

例如要从键盘输入10个学生的成绩，然后求总成绩。可以有多种解决方案，其中之一就是利用循环结构输入一个成绩然后累加，重复进行10次就可完成，如例6-1所示。

【例6-1】从键盘输入10个学生的成绩，并求总成绩。

程序代码如下(ch06-1.c)：

```
/* ch06-1.c */
#include <stdio.h>
int main()
{
    int i;
    double score,sum=0;
    for(i=1;i<=10;i++)
      {
        scanf("%lf",&score);
        sum=sum+score;
      }
    printf("总成绩=%6.1lf",sum);
    return 0;
}
```

程序运行结果：

输入

```
65 98.5 87.6
94.6 87.6 76.5
67 87.5 78 89.0
```

输出

```
总成绩=831.3
```

如果这个程序不是要求和，而是要把这10个(或更多)学生的成绩按从高到低的顺序排列，则必须要把这10个学生的成绩都同时记录下来，也就是说，必须要设定10个变量。

用10个简单变量的方法来实现，显得太笨拙了，程序的通用性也很差。最好的解决方案就是用数组。

6.2 一维数组

一维数组是数组中最简单的，是相同类型的数据元素的集合。变量与数组之间的区别在于，变量只能存储一个数据，而数组可以存储一组数据。数组内的元素具有相同的数据类型，数组中的元素存储在一个连续的内存区域中。

6.2.1 一维数组定义

一维数组的一般说明形式如下:

```
类型 数组变量名[size];   //类型标识符   数组名[元素个数];
```

在C语言中，数组必须显示地说明，以便编译程序为它们分配内存空间。在上式中，类型说明符指明数组的类型，也就是数组中每一个元素类型，size说明数组中元素个数(数组长度)，一维数组的总字节数可按下式计算:

```
总字节数=sizeof (类型) *数组长度
```

例如：

```
int a[8];
```

C编译器会为数组a开辟如图6.1所示的连续存储空间，最低地址对应首个元素，最高地址对应末尾元素。因整型占4个字节，因此8个元素占32字节的连续存储空间。

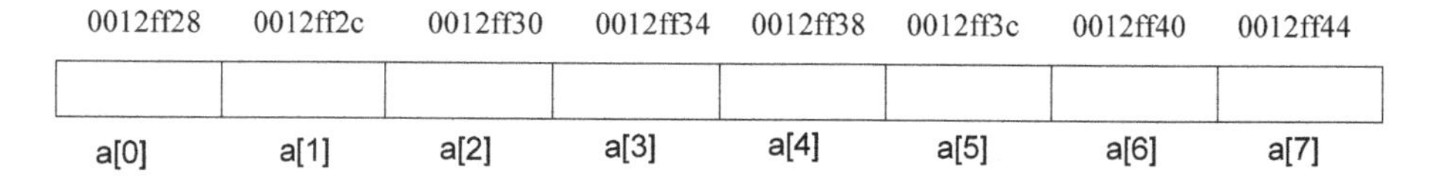

图6.1 数组a的物理存储结构

数组的元素为整型，数组名为a，元素个数为8，分别是：a[0]、a[1]、a[2]、a[3]、a[4]、a[5]、a[6]、a[7]。注意：没有a[8]这个数组元素。

一维数组的元素类型，可以是C语言中的任何类型。

6.2.2 数组元素的使用

数组元素的描述：由数组名加方括号中的下标组成，即：数组名[下标]

下标：数组元素在数组中的顺序号，使用整序型表达式。取值范围：从0到元素个数size-1。

【例 6-2】将数字0到9装入一个整型数组。

```
int x[10]; /* 定义包含1 0个整型数的数组，引用为x [ 0 ] , x [ 1 ] . . . x [ 9 ]
* /
 int t ;
 for (t=0; t<10;++t) {  x[t]=t;}
```

【例 6-3】从键盘输入10个学生的成绩，把这10个学生的成绩按从高到低的顺序排列。

程序代码如下(ch06-2.c)：

```
/* ch06-2.c */
#include <stdio.h>
int main()
{
  int i,j;
  double a[10],sum=0,t;
  for(i=0;i<10;i++)
    {
      scanf("%lf",&a[i]);
    }
  for(j=1;j<10;j++)
    for(i=0;i<10-j;i++)
      if (a[i]<a[i+1]) //如果前一个元素小于后一个则交换
        {
          t=a[i];
          a[i]=a[i+1];
          a[i+1]=t;
        }
  printf("the sorted numbers :\n");
  for(i=0;i<10;i++)
    printf("%6.1lf ",a[i]);
  printf("\n");
  return 0;
}
```

程序运行结果：

输入

```
65  98.5  87.6  94.6  87.6  76.5  67  87.5  78  89.0
```

输出：

```
the sorted numbers :
  98.5   94.6   89.0   87.6   87.6   87.5   78.0   76.5   67.0   65.0
```

C 语言并不检验数组边界，因此，数组的两端都有可能越界而破坏其他变量的数组甚至程序代码。在需要的时候，数组的边界检验便是程序员的职责。

6.2.3 一维数组的初始化

C 语言允许在定义时对数组初始化。

与其他变量相似，数组初始化的一般形式如下：

类型 数组名[size]={ 数值列表};

数值列表是一个由逗号分隔的常量表，这些常量的类型与类型说明相同，第一个常量存入数组的第一个单元，第二个常量存入第二个单元，等等，注意在括号“ }”后要加上分号。

数组初始化的几种方法如下。

(1) 在定义数组时，对全部数组元素赋予初值。

例：int a[5]={0,1,2,3,4};

(2) 在定义数组时，对部分数组元素赋予初值。

例：int a[5]={1,2}; 等价于 a[0]=1,a[1]=2;其他赋 0

(3) 对全部数组元素赋初值时，可省数组长度，系统自动确定。

例：int a[ ]={0,1, 2,3,4} ；等价于 int a[5]={0,1,2,3,4};

6.3 字 符 数 组

一维数组在本质上是由同类数据构成的表，由字符类型构成的数组就称为字符数组。字符数组的定义、引用、初始化遵循“数组”的规定。字符数组中的一个元素只能存放一个字符。

6.3.1 字符数组的定义

字符数组的定义格式：

```
char 数组名[常量表达式], …;
```

在字符数组中，每一个元素只能存放一个字符。

例如，对下列数组 a：

```
char a[8];
```

表示数组 a 中有 8 个元素，每个元素的数组类型都是字符型。该数组可以存放最多 8 个字符。

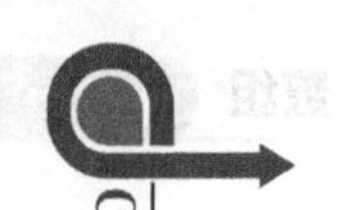

6.3.2　字符数组的使用

字符数组的使用方法两种，一是与其他数组使用方法相同，都是由数组名加方括号中的下标组成，即单个元素的使用。另一种方式是按字符串方式使用，字符串使用的也是字符数组。

但字符串与字符数组还略有区别，一般字符串长度不固定，而字符数组定义后元素个数是固定不变。字符串长度不固定，如何确定其长度呢？C 语言中，规定了一个“字符串结束标记”，即字符'\0'，字符串从开始到遇到'\0'为止的内容是字符串的内容。如用 char a[8]这个数组存放字符串，则最长可以存放的字符个数为 7，因为有 1 个字符存储'\0'。

6.3.3　字符数组的初始化

字符数组的赋值要符合数组的要求，除了在定义时初始化可以用字符串赋初值，其余只能一个元素一个元素地赋值。

给所有元素赋初值：

例 char s1[7]={ 's','t','r','i','n','g','!'};

char s2[ ]={ 's','t','r','i','n','g','!'};

s1,s2 存储形式为：

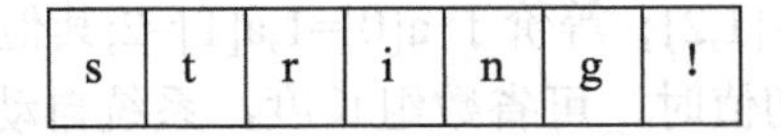

s	t	r	i	n	g	!

char s3[8]={'s','t','r','i','n','g','!','\0'};

char s4[8]={"string!"};

char s5[8]="string!";

s3,s4,s5 存储形式为：

s	t	r	i	n	g	!	\0

说明：

(1) 在对有确定大小的字符数组用字符串初始化时，数组长度应大于字符串长度。

如：char s[7]={"student"};是错误的。

(2) 在初始化一个一维字符数组时，可以省略花括号。如: char s[8]="student";

(3) 不必向字符串的末尾加空字符，C 编译程序会自动完成这一工作。

(4) 字符串结束标志'\0'仅用于判断字符串是否结束，输出字符串时不会输出。

(5) '\0'代表 ASCII 码为 0 的字符，是一个空操作符，表示什么也不干。

(6) 在字符数组中，并不要求它最后的一个字符为'\0'，也可以没有'\0'，这就是字符串与字符数组的主要区别。

(7) 给部分元素赋初值：

例：char s1[9]={'C','h','i','n','a','!'};

char s2[9]={'C','h','i','n','a','!','\0'};

char s3[9]={"China!"};

char s4[9]= "China!";

s1,s2,s3,s4 存储形式都为：

C	h	i	n	a	!	\0	\0	\0

6.3.4 字符数组的输入与输出

(1) 利用格式符%c 逐个输入、输出字符。

例如：

```
char str[10];
int  i;
for ( i=0; i<9; i++ )
    scanf("%c", &str[i]);
for ( i=0; i<9; i++)
    printf("%c", str[i]);
```

(2) 利用格式符%s，可以一次输入、输出字符串。

%s：遇第一个空白符(空格、Tab、回车)结束输入，遇第一个'\0'结束输出。

例如：

```
char  str[10];
scanf("%s", str );
printf("%s\n",  str );
```

注意：在用 scanf("%s", str)输入，printf()函数输出时，字符串要用格式符"%s"，而变量用的都是字符数组名。

使用 printf()函数的"%s"格式符来输出字符串，从数组的第一个字符开始逐个输出，直到遇到第一个'\0'为止。使用"%c"格式时，利用循环实现每个元素的输出。

6.3.5 字符串输入输出函数

C 语言要求在使用字符串输入输出函数时，要引入头文件 stdio.h。

(1) 字符串输入函数 gets( )。

作用：是将一个字符串输入到字符数组中，当遇到第一个回车时结束输入。

格式：gets(字符数组名);

gets( )函数同 scanf( )函数一样，在读入一个字符串后，系统自动在字符串后加上一个字符串结束标志'\0'。

说明：

① gets( )只能一次输入一个字符串。

② gets( )可以读入包含空格和 TAB 的全部字符，直到遇到回车为止。

③ 使用格式符"%s"的函数 scanf( )，以空格、Tab 或回车作为一段字符串的间隔符或结束符，所以含有空格或 Tab 的字符串要用 gets( )函数输入。

【例 6-4】 函数 gets( )与 scanf( )的区别。

程序代码如下(ch06-3.c)：

```
/* ch06-3.c */
#include <stdio.h>
int main( )
{
  char str1[20],str2[20];
  gets(str1);
  scanf("%s",str2);
  printf("str1: %s\n",str1);
  printf("str2: %s\n",str2);
  return 0;
}
```

上述程序当输入为：

```
program  C
program  C
```

这时输出为：

```
program C
program
```

(2) 字符串输出函数puts( )。

作用：将一个字符串(以'\0'结束的字符序列)输出。

格式：puts(字符数组名)；或 puts(字符串)；

说明：

① puts(str)将字符数组中包含的字符串输出，然后再输出一个换行符。因此，用puts()输出一行，不必另加换行符'\n'。

② printf( )函数可以同时输出多个字符串，并且能灵活控制是否换行。所以printf( )函数比puts( )函数更为常用。

【例6-5】函数puts( )与printf( )的区别。

程序代码如下(ch06-4.c)：

```
/* ch06-4.c */
#include <stdio.h>
int main( )
{
   char str1[ ]="student",str2[ ]="teacher";
   puts(str1);
   puts(str2);
   printf("%s",str1);
printf("%s\n%s",str1,str2);
return 0;
}
```

输出：

```
student
teacher
studentstudent
teacher
```

6.3.6 字符串函数

C语言库中除了前面用到的库函数gets()与puts()(stdio.h中)之外，还提供了一些字符串操作函数，其函数原型说明在string.h中，调用时需要包含它。

C语言支持多种串操作函数，最常用的有：

(1) 测字符串长度函数strlen。

引用形式：strlen(字符数组)

作用：strlen( )是测试字符串实际长度的函数，它的返回值是字符串中字符的个数(不包含'\0'的个数)。

例如：

```
char  str[12]={"computer"};
printf("%d",strlen(str));
printf("%d",strlen("computer"));
```

输出结果是：

```
8 8
```

(2) 字符串拷贝函数strcpy。

引用形式：strcpy(字符数组1，字符串2)。

作用：将字符串2复制到字符数组1中。

注意：

① 字符数组1必须足够大，以便容纳字符串2的内容。

② 字符串2可以是字符数组名或者字符串常量。当字符串2为字符数组名时，只复制第一个'\0'前面的内容(含'\0')，其后内容不复制。

【例6-6】字符串拷贝函数strcpy的应用。

程序代码如下(ch06-5.c)：

```
/* ch06-5.c */
#include <stdio.h>
#include <string.h>
int main( )
{
   int i;
   char str1[20],str2[ ]="Good luck";
   char str3[20],str4[ ]="Good luck";
   strcpy(str1,str2);
   for (i=0;str4[i]!='\0';i++)
      str3[i]=str4[i];
```

```
    str1[i]='\0';
    printf("str1: %s\t str2 : %s\n",str1,str2);
    printf("str3: %s\t str4 : %s\n",str3,str4);
    return 0;
}
```

输出结果是：

```
str1:Good  luck      str2:Good  luck
str3:Good  luck      str4:Good  luck
```

(3) 字符串连接函数 strcat。

引用形式：strcat(字符数组 1，字符串 2)

作用：将字符串 2 的内容复制连接在字符数组 1 的后面，其返回值为字符数组 1 的地址。

注意：

① 字符数组 1 不能是字符串常量，并且必须足够大，以便可以继续容纳字符串 2 的内容。

② 连接前字符数组 1 的'\0'将被字符串 2 覆盖，连接后生成的新的字符串的最后保留一个'\0'。

(4) 字符串比较函数 strcmp。

引用形式：strcmp(字符串 1，字符串 2)

作用：比较字符串 1 和字符串 2。两个字符串从左至右逐个字符比较(按照字符的 ASCII 码值的大小)，直到字符不同或者遇见'\0'为止。如果全部字符都相同，则返回值为 0。如果不相同，则返回两个字符串中第一个不相同的字符的 ASCII 码值的差，字符串 1 大于字符串 2 时函数值为正，否则为负。

(5) strlwr(字符串)。

strlwr( )的作用是将字符串中大写字母转换成小写字母。

(6) strupr(字符串)。

strupr()的作用是将字符串中小写字母转换成大写字母。

【例 6-7】strcmp 等常用字符串处理函数的用法。

程序代码如下(ch06-6.c)：

```
/* ch06-6.c */
#include <stdio.h>
#include <string.h>
int main()
{
    char s1[80],s2[80];
    gets(s1);
    gets(s2);
    printf( "lengths:%d  %d \n",strlen(s1),strlen(s2));
    if(!strcmp(s1,s2))
      printf("the strings are equal \n");
    strcat (strlwr(s1),strupr(s2));
```

```
    printf("%s",s1);
    return 0;
}
```

程序运行结果：

输入

```
hello
hello
```

输出

```
lengths:5 5
the strings are equal
helloHELLO
```

切记，当两个字符串相等时，函数 strcmp( )将返回 0，因而当测试串的等价性时，要像前例中的那样，必须用逻辑运算符“！”将测试条件取反。

【例 6-8】统计一个字符串中大写字符个数。

程序代码如下(ch06-7.c)：

```
/* ch06-7.c */
#include <stdio.h>
#include <string.h>
int main()
{
    char s1[80];
    int i,count;
    gets(s1);
    count=0;
    i=0;
    while(s1[i]!='\0')
    {
      if(s1[i]>='A' && s1[i]<='Z' )
        count++;
      i++;
    }
    printf("%s 大写字符个数:%d",s1,count);
    return 0;
}
```

程序运行结果：

输入

```
werABFed34637DSf
```

输出

```
werABFed34637DSf 大写字符个数:5
```

6.4 二维数组

二维数组是以一维数组为元素构成的数组，要将 d 说明成大小为(10，20)的二维整型数组，可以写成:

```
int d[10][20]
```

请留心上面的说明语句，C 语言是用两个方括号将二维下标括起，并且，数组的二维下标均从 0 开始计算。

与此相似，要存取数组 d 中下标为(3，5)的元素可以写成：d[3][5]

【例 6-9】整数 1 到 12 被装入一个二维数组 num[3][4]。

程序代码如下(ch06-8.c):

```
/* ch06-8.c */
#include<stdio.h>
int main ( )
{
int i,j,num[3][4];
for (i=0;i<3; ++i)
  for (j=0;j<4;++j)
     num[i][j] = ( i*4 ) + j + 1 ;
return 0;
}
```

在此例中，num[0][0]的值为 1，num[0][2]的值为 3，……，num[2][3]的值为 12。可以将该数组想象为一个矩阵，如图 6.2 所示。

	0	1	2	3
0	1	2	3	4
1	5	6	7	8
2	9	10	11	12

图 6.2　二维数组逻辑存储结构

二维数组以行列矩阵的形式存储。第一个下标代表行，第二个下标代表列，这意味着按照在内存中的实际存储顺序访问数组元素时，右边的下标比左边的下标的变化快一些，如图 6.3 所示。

num[0][0]	num[0][1]	num[0][2]	num[0][3]	num[1][0]	num[1][1]	num[1][2]	num[1][3]	num[2][0]	num[2][1]	num[2][2]	num[2][3]
1	2	3	4	5	6	7	8	9	10	11	12

图 6.3　二维数组物理存储结构

图 6.3 是一个二维数组在内存中的情形，实际上，第一下标可以认为是行的起始地址。记住，一旦数组被说明，所有的数组元素都将分配相应的存储空间。对于二维数组可用下列公式计算所需的内存字节数:

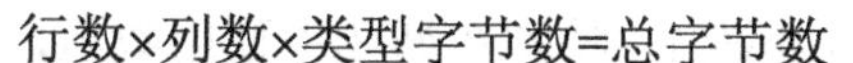

因而，假定为 4 字节整型，大小为(10，5)的整型数组将需要：10×5×4=200 字节。

二维数组初始化的方法，必须指明除了第一维以外其他各维的长度，以使编译程序能够正确地检索数组。例如，下式将 sqrs 数组初始化为从 1 到 10 及它们各自的平方数,三种方法效果一样。

int sqrs[10][2]={1，1，2，4，3，9，4，16 ，5，25，6，36，7，49 ，8，64，9，81，10,100 }；

或

int sqrs[10][2]={{1，1}，{2，4}，{3，9}，{4，16} ，{5，25} ，{6，36}，{7，49} ，{8，64} ，{9，81}，{10,100} }；

或

int sqrs[][2]={1，1，2，4，3，9，4，16 ，5，25 ，6，36，7，49 ，8，64 ，9，81，10,100 }；

错误方法

int sqrs[][]={1，1，2，4，3，9，4，16 ，5，25 ，6，36，7，49 ，8，64 ，9，81，10,100 }；

这种情况下，编译程序无法确定二维数组的行数与列数。

6.5 多 维 数 组

C 语言允许有大于二维的数组，维数的限制(如果有的话)是由具体编译程序决定的。多维数组的一般说明形式为：

类型 数组名[size1][size2]..[sizen]

当数组定义之后，所有的数组元素都将分配到地址空间。例如，大小为(10，6，9，4)的四维字符数组需要 10×6×9×4 即 2160 单元，如果上面的数组是整型 4 字节的，则需要 8640 字节。

```
int b[2][4][3];
```

24 个元素如下：

```
b[0][0][0]  b[0][0][1]  b[0][0][2]   b[0][1][0]  b[0][1][1]  b[0][1][2]
b[0][2][0]  b[0][2][1]  b[0][2][2]   b[0][3][0]  b[0][3][1]  b[0][3][2]
b[1][0][0]  b[1][0][1]  b[1][0][2]   b[1][1][0]  b[1][1][1]  b[1][1][2]
b[1][2][0]  b[1][2][1]  b[1][2][2]   b[1][3][0]  b[1][3][1]  b[1][3][2]
```

6.6 本 章 小 结

在处理一组相同类型的数据的时候，需要使用数组，本章主要介绍了数组的定义和使用，包括一维数组、二维数组、多维数组，其中一维数组较为常用。使用时要注意数组的定义，数组下标的范围，数组名字的含义。数组名必须满足标识符的命名规则，类型可以是基本数组类型，也可以是自己定义的类型。数组元素的个数必须是常量，数组的下标从

0 开始，最大上界为数组的大小减 1，特别在循环中使用数组，特别要注意数组下标不要越界。数组名字表示数组的首地址，数组定义后，其地址即确定，不可修改。因此，不能给数组进行整体赋值。

C 语言数组的一个重要应用是字符数组，因为字符数组可以表示重要的数据结构——字符串。为了更加方便地对字符串进行操作，如复制、比较、连接等，需要使用字符串处理函数。

6.7　上 机 实 训

6.7.1　实训 1　绝对值排序

1. 实训目的

(1) 练习使用数组，数组的定义及数组元素的使用；

(2) 掌握最简单的排序方法，以解决排序问题。

2. 实训内容及代码实现

任务描述：

输入 n(n≤100)个整数，按照绝对值从大到小排序后输出。题目保证对于每一个测试实例，所有的数的绝对值都不相等。

输入：

输入数据有多组，每组占一行，每行的第一个数字为 n，接着是 n 个整数，n=0 表示输入数据的结束，不作处理。

输出：

对于每个测试实例，输出排序后的结果，两个数之间用一个空格隔开。每个测试实例占一行。

输入样例：

3 3 -4 2

4 0 1 2 -3

0

输出样例：

-4 3 2

-3 2 1 0

程序代码如下(ch06-9.c)：

```
/* ch06-9.c */
#include<stdio.h>
#include<math.h>
int main()
{
    int n,i,j,temp;
```

```
    while(scanf("%d",&n)&&n!=0)
    {
        int a[100]={0};
        for(i=0;i<n;i++)
            scanf("%d",&a[i]);
        //排序
        for(i=0;i<n-1;i++)
            for(j=0;j<n-i;j++)
                if(abs(a[j])<abs(a[j+1]))
                {
                    temp=a[j];
                    a[j]=a[j+1];
                    a[j+1]=temp;
                }
        for(i=0;i<n;i++)
            printf("%d ",a[i]);
        printf("\n");
    }
    return 0;
}
```

6.7.2 实训2 两数组最短距离

1. 实训目的

(1) 练习使用数组，数组的定义及数组元素的使用；

(2) 与循环结合，处理每个元素。

2. 实训内容及代码实现

任务描述：

已知元素从小到大排列的两个数组x[]和y[]。请写出一个程序，从x[]中任取一个数P，从y[]中任取一个数Q，P和Q的差的绝对值为T，计算最小的T。最小的T叫作两个数组的最短距离。

输入：

第一行为两个整数m, n(1≤m, n≤1000)，分别代表数组x[], y[]的长度。

第二行有m个元素，为数组x[]的各个元素的值。

第三行有n个元素，为数组y[]的各个元素的值。

输出：

输出占一行，为两数组之间的最短距离。

输入样例：

5 5

1 2 3 4 5

6 7 8 9 10

输出样例：

1

程序代码如下(ch06-10.c)：

```
/* ch06-10.c */
#include<stdio.h>
int main()
{
    int m,n,x[1000],y[1000],i,j,min;
    scanf("%d %d",&m,&n);
    for(i=0;i<m;i++)
       scanf("%d",&x[i]);
    for(i=0;i<n;i++)
       scanf("%d",&y[i]);
    min=abs(x[0]-y[0]);
    for(i=0;i<m;i++)
       for(j=0;j<n;j++)
       {
           if(abs(x[i]-y[j])<min)
              min=abs(x[i]-y[j]);
       }
printf("%d\n",min);
return 0;
}
```

6.7.3　实训 3　字符替换

1. 实训目的

(1) 练习使用字符数组，数组的定义及数组元素的使用；

(2) 与循环结合，处理每个元素。

2. 实训内容及代码实现

任务描述：

把一个字符串中特定的字符用给定的字符替换，得到一个新的字符串。

输入：

输入有多行，第一行是要处理的字符串的数目 n。

其余各行每行由三个字符串组成，第一个字符串是待替换的字符串，字符串长度小于等于 30 个字符；

第二个字符串是一个字符，为被替换字符；

第三个字符串是一个字符，为替换后的字符。

输出：

有多行，每行输出对应的替换后的字符串。

输入样例：

1

hello-how-are-you o O

输出样例：

hellO-hOw-are-yOu

程序代码如下(ch06-11.c)：

```
/* ch09-11.c */
#include<stdio.h>
int main()
{
    char s1[100],s2[100];
    char ch1,ch2;
    int n,i,j;
    scanf("%d",&n);
    for(i=1;i<=n;i++)
    {
        scanf("%s %c %c",s1,&ch1,&ch2);
        for(j=0;s1[j]!='\0';j++)
            if(s1[j]!=ch1)
              s2[j]=s1[j];
            else
              s2[j]=ch2;
        s2[j]='\0';
        printf("%s\n",s2);
    }
    return 0;
}
```

6.7.4 实训4 数组旋转

1. 实训目的

(1) 练习使用二维数组，数组的定义及数组元素的使用；

(2) 与循环结合，处理每个元素。

2. 实训内容及代码实现

任务描述：

输入一个4×4的数组，并且进行逆时针旋转90度后输出。

输入：

多组输入，每组输入一个整数T(0≤T≤1000)，代表有T组输入测试数据，输入为“0”时结束程序不做输出。

输出：

每一行单独输出4×4的数组，每个输出之间输出一个空格。

输入样例：

3

1 2 3 4

5 6 7 8

9 10 22 33

12 23 34 45

98 73 32 54

9 8 7 6

34 56 34 213

23 355 98 64

12 23 43 52

54 65 76 87

98 87 76 65

12 3 9 50

输出样例：

4 8 33 45

3 7 22 34

2 6 10 23

1 5 9 12

54 6 213 64

32 7 34 98

73 8 56 355

98 9 34 23

52 87 65 50

43 76 76 9

23 65 87 3

12 54 98 12

程序代码如下(ch06-12.c)：

```
/* ch06-12.c */
#include <stdio.h>
int main()
{
    int a[21][21],b[21][21];
    int i,j,k,t;
    scanf("%d",&t);
```

```
    for(k=0;k<t;k++)
    {
      for(i=0;i<4;i++)
        {
          for(j=0;j<4;j++)
           {
             scanf("%d",&a[i][j]);
           }
        }
    for(i=0;i<4;i++)
      for(j=0;j<4;j++)
          {
            b[3-j][i]=a[i][j];
          }


    for(i=0;i<4;i++)
      {
        for(j=0;j<4;j++)
          {
             printf("%5d ",b[i][j]);
          }
        printf("\n");
      }
  }
   return 0;
}
```

6.7.5　实训 5　螺旋方阵

1. 实训目的

(1) 练习使用二维数组，数组的定义及数组元素的使用；
(2) 与循环结合，处理每个元素。

2. 实训内容及代码实现

任务描述：

在数学中，我们学习过矩阵，对一些矩阵的性质也做了研究。在程序设计课程中，曾经编程处理过矩阵中的鞍点，打印过魔方阵，现在又有一新的矩阵，我们把它叫螺旋方阵。螺旋的方式有两种，一种是从方阵中心数据由小到大向外旋转，另一种是从左上角开始，数据由小到大向内旋转，现在请你编一个程序，实现方阵从小到大，打印出第二种方阵来。

输入：

输入只有 1 行，即方阵的高度 h(1≤h≤20)。

输出：

在屏幕上输出满足条件的螺旋方阵，每个数据占有5位宽度，每行数字之间打印一空行。

输入样例：

6

输出样例：

1 2 3 4 5 6

20 21 22 23 24 7

19 32 33 34 25 8

18 31 36 35 26 9

17 30 29 28 27 10

16 15 14 13 12 11

程序代码如下(ch06-13.c)：

```
/* ch06-13.c */
#include <stdio.h>
int main()
{
    int a[21][21];
    int d[2][4]={0,1,0,-1, 1,0,-1,0};
                        //d[i][j]是方向增量数组，i=0 表示行增量，i=1 表示列增量
                        //j=0,1,2,3，分别表示向右、下、左、上；
    int i,j,k,n,l,dd,ii,jj;
    while(scanf("%d",&n)!=EOF)
    {
    i=0;j=-1;
    k=1;l=n;dd=0;
    while(k<=n*n)
    {
      for(ii=1;ii<=l;ii++)
        {
          i=i+d[0][dd];
          j=j+d[1][dd];
          a[i][j]=k++;
        }

      dd=(dd+1)%4;
      if(dd%2==1)
        l--;
    }

    for(i=0;i<n;i++)
     {
      for(j=0;j<n;j++)
        {
          printf("%5d",a[i][j]);
        }
```

```
        printf("\n");
      }

  }
  return 0;
}
```

6.8 习　　题

1. 以下程序的输出结果是______。

```
int main()
{
    int arr[10], i, k=0;
    for(i=0;i<10;i++)
        arr[i]=i;
    for(i=0;i<4;i++)
        k+=arr[i]+i;
    printf("%d\n",k);
    return 0;
}
```

2. 以下 findmax 返回数组 s 中最大元素的下标，数组中元素的个数由 t 传入，请填空。

```
findmax()
{
    int k, p;
    for(p=0, k=p; p<t; p++)
        if(s[p]>s[k])
          __________;
    return _________;
}
```

3. 编写函数，对具有 10 个整数的数组进行如下操作：从第 n 个元素开始直到最后一个元素，依次向前移动一个位置，输出移动后的结果。

4. 输入一个字符串，统计此字符串中字母、数字、空格和其他字符的个数，并将统计结果输出。

5. 编程打印杨辉三角形。提示：用二维数组存放杨辉三角形中的数据，这些数据的特点是：第 0 列全为 1，对角线上的元素全为 1，其余的左下角元素 a[i][j]=a[i-1][j-1]+a[i-1][j]。

```
1
1   1
1   2   1
1   3   3   1
1   4   6   4   1
```

第 7 章　结构体、共用体和枚举

本章要点

- 结构体的定义、结构体成员的引用方法；
- 结构体数组的定义及使用；
- 共用体类型及应用；
- 共用体变量与结构体变量的区别；
- 枚举类型变量的定义及使用；
- 用 typedef 定义类型。

本章难点

- 结构体类型的定义及使用；
- 共用体类型的应用。

在前面的章节里，我们介绍了整型、实型、字符型等基本数据类型，也介绍了一种构造型的数据——数组，它由若干个数据类型相同的数据组成。但是，如果想将数据类型不同的若干数据存放在一起，要怎么做呢？显然，前面这些数据类型是不能满足这种要求的。为了解决这类问题，本章将详细介绍一种新的数据类型——结构体，还将介绍一种用于节省内存的构造型数据类型——共用体，最后简单介绍一种基本的数据类型——枚举类型。

7.1　程序举例：输出平均成绩最高的学生信息

【例 7-1】表 7.1 是一张学生成绩管理表，要求计算每个学生的平均成绩，并打印出平均成绩最高的学生信息。

表 7.1　学生成绩管理表

学　号	姓　名	性　别	年　龄	语　文	数　学	英　语	平均成绩
84773801	陈云	F	18	79.3	84	88	
84773802	刘敏	F	19	78	80.5	90	
84773803	张浩	M	17	64	87	79	
84773804	沈婷婷	F	20	47.2	70	63	
84773805	王军	M	19	80	71	67.5	

分析：

在表 7.1 中，描述一个学生的数据实体包含学号、姓名、性别、年龄、三门课程成绩及平均成绩共 8 个数据项。这些数据项的类型是不同的：学号可为整型或字符串形式；姓名是字符串型；性别为字符型；年龄为整型；课程成绩是实型。对于这样一个实体，不能用一个数组来描述，因为数组中各元素的类型、长度必须一致，只能定义多个数组。

按照第 6 章学过的数组方法，可以定义如下的多个数组并赋初值如下：

```
int stu_id[5]={84773801, 84773802, 84773803, 84773804, 84773805}; /*定义整型数组存放每个学生的学号*/
char stu_name[5][8]={"陈云", "刘敏", "张浩", "沈婷婷", "王军"}; /*定义字符串数组存放每个学生的姓名*/
char stu_sex[5] ={'F', 'F', 'M', 'F', 'M'}; /*定义字符数组存放每个学生的性别*/
int stu_age[5]={18, 19, 17, 20, 19}; /*定义整型数组存放每个学生的年龄*/
float stu_chinese[5]={79.3, 78, 64, 47.2, 80}; /*定义实型数组存放每个学生的语文成绩*/
float stu_math[5]={84, 80.5, 87, 70, 71}; /*定义实型数组存放每个学生的数学成绩*/
float stu_english[5]={88, 90, 79, 63, 67.5}; /*定义实型数组存放每个学生的英语成绩*/
float stu_score[5]; /*定义实型数组存放每个学生的平均成绩*/
```

这八个数组在内存中的存储顺序是：先存储所有学生的学号，接着存储所有学生的姓名，接着存储性别、年龄、语文成绩、数学成绩、英语成绩、平均成绩。

也就是把所有学生的同一个类别(表中某一列)以定义某一个数组的形式单独放在一起，例如所有学号放在一个数组里，所有姓名放在另一个数组里，依次类推。要计算每个学生三门课的平均成绩并将平均成绩最高者的所有信息输出，需要查询到所有数组，很容易出错且效率不高。这样为每一项内容分别定义变量或数组的方法导致存储结构零乱，处理过程烦琐，而且不能体现一个实体数据的整体性和相互关联性，所以一般不采用这种方法。

为了解决这个问题，C 语言定义了一种可由用户自定义的数据类型，根据实际问题，将不同数据类型集中一起，把有内在联系的不同类型的数据组成一个整体，构成符合要求的新的数据类型，称为结构体类型。这样利用结构体的特性可以把某一个学生的所有不同类型的信息项都按顺序存储在一起，便于处理。

针对例 7-1，可以定义如下的学生信息结构体：

```
struct student
{
  int stu_id;            /*学号*/
   char stu_name[8];     /*姓名*/
  char stu_sex;          /*性别*/
   int stu_age;          /*年龄*/
  float stu_chinese;     /*语文成绩*/
  float stu_math;        /*数学成绩*/
  float stu_english;     /*英语成绩*/
  float stu_score;       /*平均成绩*/
};
```

这里用户自行声明了一种新的数据类型 struct student(学生结构体)。这个数据类型仅相当于一种结构模式，与 int、float、char 等类型具有同等地位，也就是用户自定义的一种新的数据类型。但系统不会为 struct student 分配相应的存储空间，就像系统不会为 int 分配存储空间一样，只有当用户定义了一个整型变量时，系统会为这个整型变量分配存储空间。

同样地，当我们定义了一个结构体变量时，系统才会为这个结构体变量分配存储空间。

对于例 7-1，我们可以将每个学生的信息定义成一个 struct student 类型的变量，所有学生的信息构成一个结构体数组，通过循环语句引用各个结构体变量的成员，计算出每个学生的平均成绩，最后将平均成绩最高的学生的各个数据项打印输出。

程序代码如下(ch07-1.c)：

```
/* ch07-1.c */

#include<stdio.h>
struct student /*定义一个结构体*/
{
int stu_id;
char stu_name[8];
char stu_sex;
int stu_age;
float stu_chinese;
float stu_math;
float stu_english;
float stu_score;
};
int main()
{
 /*定义一个结构体数组 p 并赋初值*/
 struct student p[6]={{84773081, "陈云", 'F', 18, 79.3, 84, 88, 0},
                {84773082, "刘敏", 'F', 19, 78, 80.5, 90, 0},
                {84773083, "张浩", 'M', 17, 64, 87, 79, 0},
                {84773084, "沈婷婷", 'F', 20, 47.2, 70, 63, 0},
                {84773085, "王军", 'M', 19, 80, 71, 67.5, 0},
                {0, " ", ' ', 0, 0, 0, 0, 0} /*用于存放平均成绩最高的学生信息*/
               };
 int i;
 for(i=0;i<5;i++)
 {
  p[i].stu_score=(p[i].stu_chinese+p[i].stu_math+p[i].stu_english)/3.0;
/*计算平均成绩*/
  if(p[5].stu_score<p[i].stu_score)
    p[5]=p[i];        /*将平均成绩高的学生信息赋给 p[5] */
 }
 printf("平均成绩最高的是：\n");
 printf(" 学号：%d\n 姓名：%s\n 性别：%c\n 年龄：%d\n 语文：%.1f 分\n 数学：%.1f
分\n 英语：%.1f 分\n 平均成绩：%.1f 分\n", p[5].stu_id, p[5].stu_name,
p[5].stu_sex, p[5].stu_age,
p[5].stu_chinese, p[5].stu_math, p[5].stu_english, p[5].stu_score);
 return 0;
}
```

程序运行结果：

```
平均成绩最高的是：
 学号：84773081
 姓名：陈云
 性别：F
 年龄：18
 语文：79.3 分
 数学：84.0 分
 英语：88.0 分
 平均成绩：83.8 分
```

使用结构体数据，可将一个学生的数据有机组合起来。本例中的 p 是个结构体数组，p[i]为反映第 i 个学生信息的结构体变量，p[i].stu_id 表示第 i 个学生的学号，p[i].stu_name 表示第 i 个学生的姓名等。

结构体的每一个成员都是通过其名字来引用，引用格式为：

```
结构体变量名.成员名
```

结构体的引入为处理复杂的数据结构提供了有效的方法，也为函数间传递一组不同类型的数据提供了方便，特别是对于数据结构比较复杂的大型程序提供了方便。

7.2　结构体的定义

7.2.1　结构体类型的定义

只有定义了一个结构体类型，才能声明并使用该类型的结构体变量。正如，只有确定了名片上要印什么内容，才能开始印刷名片。结构体类型的定义就是说明结构体变量要存储什么信息的过程。

C 语言提供了关键字 struct 来定义一个结构体，结构体类型定义的一般格式为：

```
struct 结构体名
{
类型名 1 成员名 1;
类型名 2 成员名 2;
⋮
类型名 n 成员名 n;
};
```

例如上节例 7-1 中的 struct student 类型的定义：

```
struct student
{
int stu_id;                /*学生的学号*/
   char stu_name[8];       /*学生的姓名*/
char stu_sex;              /*学生的性别*/
   int stu_age;            /*学生的年龄*/
float stu_chinese;         /*学生的语文成绩*/
float stu_math;            /*学生的数学成绩*/
float stu_english;         /*学生的英语成绩*/
```

```
    float stu_score;          /*学生的平均成绩*/
};
```

其中，struct 为结构体定义的关键字，不能省略。结构体名由用户给定，即定义的结构体类型名。用两个花括号括住的内容是该结构体中的各个成员，每个成员又有自己的数据类型，它们可以是整型、实型、字符型、指针或结构体类型等，它们都应进行类型说明。

对结构体类型定义的几点说明。

(1) 结构体类型的定义只是说明了一种结构体的组织形式，在编译时并不为它分配存储空间。只有在定义结构体类型变量后，才为变量按照其组织形式分配内存空间。

(2) 结构体的成员可以是简单变量、数组、指针，还可以是另一个已定义的结构体或共用体变量。当定义一个结构体的成员又是一个结构体类型，这称为结构体的嵌套定义。例如：

```
struct date   /*定义一个struct date类型，代表日期，包含年、月、日三个成员*/
{
    int year;
    int month;
    int day;
};
struct teacher/*定义struct teacher类型，包含编号、姓名、性别、出生日期四个成员*/
{
    int number;
    char name[8];
    char sex;
    struct date bir; /*出生日期成员bir为struct date类型*/
 };
```

这个 struct teacher 类型的结构如图 7.1 所示。

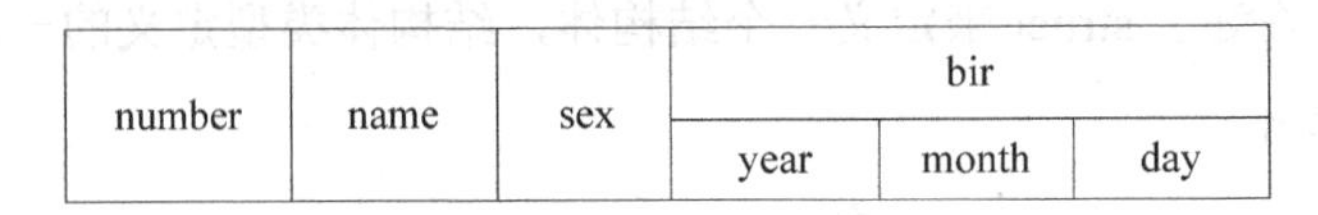

number	name	sex	bir		
			year	month	day

图 7.1　struct teacher 类型的结构

(3) 结构体类型的定义可以在函数内部，也可在函数外部。在函数内部定义的结构体，只能在该函数内部使用，在函数外部定义的结构体，从定义点起到源文件尾之间的所有函数都可使用。

(4) 结构体成员的名字可以同程序中的其他变量名相同，两者的意义不同，不会相混。

7.2.2　结构体变量的定义

前面只是构造了一个结构体类型，它相当于一个模型，其中并没有具体的数据，系统也不给它分配实际的存储单元。这也是类型与变量的区别，我们不能对一个类型赋值、存取或运算。因此，要想在程序中使用结构体类型的数据，还应当定义结构体类型的变量，并在其中存放具体的数据。

结构体变量的定义一般有以下三种方法。

(1) 用已经定义的结构体类型定义结构体变量。

一般格式为：

结构体类型名 变量名列表;

例如用上面定义好的 struct teacher 类型定义两个结构体变量 teacher1 和 teacher2：

struct teacher　　teacher1，teacher2;

↓　　　　　　　↓　　　↓

结构体类型名　　结构体变量名

这里定义的 teacher1 和 teacher2 两个变量具有 struct teacher 类型的结构，结构体变量中的各成员在内存中按说明中的顺序依次排列，如图 7.2 所示。

teacher1：

20130001	张三	M	bir		
			1982	8	15

teacher2：

20130002	李四	F	bir		
			1985	11	20

图 7.2　struct teacher 类型的变量

(2) 定义的结构体类型的同时定义结构体变量。

一般格式为：

```
struct 结构体名
{
类型名 1 成员名 1;
类型名 2 成员名 2;
⋮
类型名 n 成员名 n;
}变量名列表;
```

例如：

```
struct teacher
{
    int number;
    char name[8];
    char sex;
    struct date bir;
 }teacher1, teacher2;
```

同时定义了结构体类型 struct teacher 和两个 struct teacher 类型的变量 teacher1 和 teacher2。

(3) 直接定义结构体变量。

一般格式为：

```
struct
{
```

```
类型名 1 成员名 1;
类型名 2 成员名 2;
:
类型名 n 成员名 n;
}变量名列表;
```

例如：

```
struct
{
   int number;
   char name[8];
   char sex;
   struct date bir;
 }teacher1, teacher2;
```

这种方法省略了结构体类型的名称，以后将无法使用这种结构体来定义其他变量。

7.3　结构体变量的初始化

上一节中介绍了三种定义结构体变量的方法，不管使用哪种方法，都可以在定义变量的同时对变量赋初值。

例如：

```
struct teacher  teacher1={20130001, "张三", 'M', 1982, 8, 15},
teacher2={20130002, "李四", 'F', 1985, 11, 20};
```

【例 7-2】定义结构体类型的同时定义变量并赋初值。

程序代码如下(ch07-2.c)：

```
/* ch07-2.c */
#include<stdio.h>
int main()
{
struct stu
 {long num;
  char name[20];
  char sex;
  int age;
  float score;
}s1, s2={20070001, "Li Na", 'F', 19, 91.5};/*定义变量 s1、s2, 同时给 s2 赋初值*/
printf("NO:%ld\nname:%s\nsex:%c\nage:%d\nscore:%f\n", s2.num, s2.name,
s2.sex, s2.age, s2.score);
return 0;
}
```

程序运行结果：

```
NO:20070001
name:Li Na
```

```
sex:F
age:19
score:91.5
```

7.4　对结构体成员的访问

在定义了结构体变量后，我们就可以访问这个变量了。在 C 语言程序中，可以将一个结构体变量直接赋值给另一个结构体变量，但是其他情况下一般不直接引用结构体变量，赋值、输入、输出、运算等操作都是通过结构体变量的成员来实现的。实际上，我们一般单独使用结构体中的成员，它的作用相当于一个普通变量。

访问结构体成员的格式为：

```
结构体变量名.成员名
```

其中，“.”是成员运算符，它的优先级别是最高的，结合方向为自左向右。

例 7-2 中的 s2.num 表示变量 s2 中的 num 成员，可以使用 printf 函数输出它的值，当然也可以对它进行赋值等操作，例如：

```
s2.num=20070001;
```

引用结构体变量应该注意以下几点。

(1) 成员名可以与程序中的普通变量名相同的，但二者不代表同一对象。例如，程序中可以定义另一个变量 num，但是它与 s2.num 是两回事。

注意区别下面两条语句：

```
num=20070001;         /*将 20070001 赋给变量 num*/
s2.num=20070001;      /*将 20070001 赋给结构体变量 s2 中的成员 num*/
```

(2) 不能将一个结构体变量作为一个整体输入、输出和赋值。例如，下面的引用方法是错误的：

```
s2={20070001, "Li Na", 'F', 19, 91.5};
printf("%ld, %s, %c, %d, %f\n", s2);
```

(3) 如果成员本身又是一个结构体类型，则要用若干个成员运算符，一级一级地引用到最低的一级的成员。

例如，我们在 7.2.2 节中定义的变量 teacher1，可以这样来访问它的出生年份：

```
teacher1.bir.year
```

需要注意的是，不能用 teacher1.bir 来访问变量 teacher1 中的成员 bir，因为 bir 本身是一个结构体变量。

(4) 结构体变量的成员可以像普通变量一样进行各种运算。

例如：

```
s1.num=s2.num 1;
sum=s1.score+s2.score;
s1.age++;
```

(5) 可以引用结构体变量成员的地址，也可以引用结构体变量的地址。

引用格式为：

```
&结构体变量名.成员名
&结构体变量名
```

例如：

```
scanf("%ld", &s1.num);
printf("%ld", &s1);
```

【例 7-3】建立学生基本情况表，然后将其打印输出。

程序代码如下(ch07-3.c)：

```
/* ch07-3.c */
#include <stdio.h>
#include <string.h>
int main()
{
   struct stu
     {long num;
      char name[20];
      char sex;
      int age;
      float score;
     }stu1, stu2;
scanf("%ld", & stu1.num);
   strcpy(stu1.name, "zhang");
   stu1.sex='M';
   stu1.age=19;
   stu1.score=88;
   stu2=stu1;       /*同类结构体变量之间可以整体赋值*/
   printf("stu1:%ld, %s, %c, %d, %6.2f\n", stu1.num, stu1.name, stu1.sex,
stu1.age, stu1.score);
   printf("stu2:%ld, %s, %c, %d, %6.2f\n", stu2.num, stu2.name, stu2.sex,
stu2.age, stu2.score);
   return 0;
}
```

程序运行结果：

```
10001↙
stu1:10001, zhang, M, 19,  88.00
stu2:10001, zhang, M, 19,  88.00
```

7.5 结构体数组

对于上节中定义的 struct stu 类型，如果只需要存放一两个学生的信息，那么像上节中定义一两个变量就可以了，但是，如果有 10 个、100 个，甚至更多学生的数据需要存放呢？显然这样一个个定义变量的方法就不合适了，需要定义数组。

结构体数组的定义与结构体变量的定义方法类似，也有三种方法，只需说明其为数组即可。结构体数组初始化的方法与普通数组初始化方法相同。结构体数组与以前介绍过的数值型数组不同之处在于数组元素都是结构体类型的数据。

例如：

```
struct stu
  {
    long num;
    char name[20];
    char sex;
    int age;
    float score;
}s[20]={  {20070001, "Li Na", 'F', 19, 91.5},
       {20070002, "Wang Gang", 'M', 17, 84.0},
       {20070003, "Xu Feng", 'M', 19, 75.0}
};
```

这里定义了一个数组 s，s 中有 20 个元素，每个元素均为 struct stu 类型，其中前三个元素 s[0]、s[1]和 s[2]的初始值在程序中给定。定义结果在内存中存放形式如图 7.3 所示。

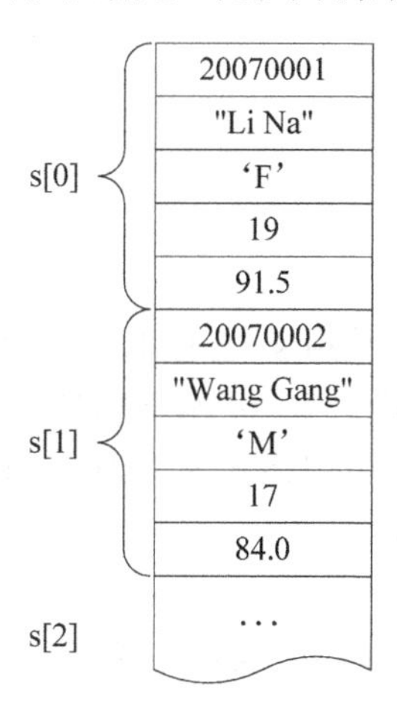

图 7.3　内存存放形式

综合结构体变量和数组元素的引用格式，结构体元素的引用格式为：

```
结构体数组名[下标].成员名
```

例如：

```
sum=s[0].score+s[1].score+s[2].score
```

【例 7-4】有 10 名学生，每名学生的信息包括学号、姓名以及 5 门课的成绩，要求输入这 10 名学生的数据，显示出每名学生 5 门课的平均分。

程序代码如下(ch07-4.c)：

```
/* ch07-4.c */
#include<stdio.h>
struct student
   {int num;
```

```
    char name[20];
    float score[5];
   };
int main()
{
 struct student s[10];  /*定义结构体数组*/
 int i, j;
 float sum, avg[10];
 for(i=0;i<10;i++)
    {
     scanf("%d, %s", &s[i].num, s[i].name);
     sum=0;
     for(j=0;j<5;j++)
        {
         scanf("%f", &s[i].score[j]);
         sum=sum+s[i].score[j];     /*引用结构体数组元素*/
        }
     avg[i]=sum/5;
    }
  for(i=0;i<10;i++)
    {
     printf("%s:%f\n", s[i].name, avg[i]);
}
 return 0;
}
```

这个程序中定义了一个结构体数组 s，它有 10 个元素，每个元素包含 3 个成员：num(学号)、name(姓名)和 score(成绩)。其中 score 本身也是个数组，它存放的是一名学生 5 门课的成绩。所以，成绩参与运算时，引用格式为“s[i].score[j]”，这里 s[i]指的是第 i+1 位学生，score[j]指的是他的第 j+1 门成绩。

7.6 共 用 体

在处理问题的时候，很多数据并不是一直被需要的。例如，我们可能在某些时候需要数据 A，而另一些时候不需要它，而是需要数据 B 或者 C(数据 A、B、C 的类型可能相同也可能不同)。出于对节省内存的考虑，我们可以把这些数据放在同一存储单元。C 语言提供了一种构造类型的数据——共用体。和结构体类似，共用体也是一种用户自己定义的数据类型，也可以由若干不同类型的数据组合而成，组成共用体的若干个数据也称为成员。和结构体不同的是，结构体变量的每个成员各自占用自己的内存单元，而共用体变量的各个成员都从同一地址开始存放，即成员间互相覆盖。

7.6.1 共用体的定义

1. 共用体类型的定义

共用体类型定义用关键字 union 标识，声明共用体类型的一般格式为：

```
union 共用体名
{
类型名1 成员名1;
类型名2 成员名2;
⋮
类型名n 成员名n;
};
```

例如：

```
union data
{
  int i;
  char ch;
  float f;
};
```

这里定义了一个名为“data”的共用体类型，即一个整型变量、一个字符型变量和一个实型变量共用一段内存单元，如图7.4所示。

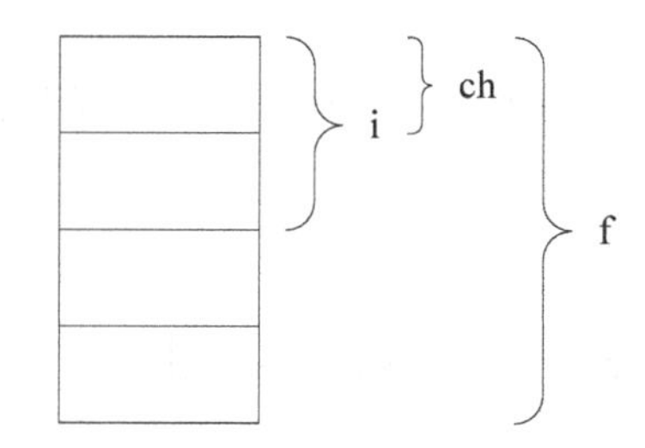

图7.4 共用体类型data

从图中可以看出，共用体变量各成员占相同的起始地址，在内存中所占字节数等于最长的成员在内存中所占的字节数。

2. 共用体变量的定义

共用体变量的定义方法和结构体变量相同，也有三种方法，下面以union data类型为例分别举例讲解。

1) 先定义共用体类型，再定义变量

例如：

```
union data
{
  int i;
  char ch;
  float f;
};
union data  a, b, c;
```

这是先定义了union data类型，然后定义了union data类型的三个变量a、b、c。

2) 定义共用体类型的同时定义变量

例如：

```
union data
{
  int i;
  char ch;
  float f;
}a, b, c;
```

3) 直接定义共用体变量

例如：

```
union
{
  Int i;
  char ch;
  float f;
}a, b, c;
```

7.6.2 共用体变量的引用

共用体变量不能直接使用，和结构体变量一样，只能引用里面的某个成员，其成员同样通过点运算描述。形式为：

```
共用体变量名.成员名
```

例如，前面定义的共用体变量 a、b、c 可以这样引用：

```
a.i=12;
scanf("%c", &b.ch);
printf("%f", c.f);
```

在使用共用体变量时要注意以下几点。

(1) 共用体变量中，可以包含若干个成员及若干种类型，但共用体成员不能同时使用。在每一时刻，只有一个成员及一种类型起作用，不能同时引用多个成员及多种类型。所以，不能对共用体变量名赋值，不能企图引用变量名来得到一个值，不能在定义共用体变量时对它进行初始化。

例如，下面这些用法都是错误的：

```
union data a={5, "z", 0.8};
printf("%d", a);
int m=a;
```

(2) 共用体变量中起作用的成员是最后一次存放的成员，因为共用体变量所有成员共同占用同一段内存单元，后来存放的值将原先存放的值覆盖，故只能使用最后一次给定的成员。

例如：

```
a.i=278;
a.ch='D';
a.f=5.78;
```

上述语句执行之后，只有 a.f 是有效的，a.i 和 a.ch 已经无意义了。因此，引用共用体变量时要特别注意当前存放在共用体变量中的是哪个成员。

(3) 共用体变量的地址和它的各个成员的地址相同。例如，&a、&a.i、&a.ch、&a.f 的值相同，都是内存中的同一地址。

(4) 共用体类型和结构体类型可以相互嵌套，共用体成员可以为数组，甚至还可以定义共用体数组。

(5) 共用体变量不能作函数参数，函数的返回值也不能是共用体类型。

7.6.3　共用体变量与结构体变量的主要区别

在实际的使用过程中，共用体变量与结构体变量的区别在于：

(1) 结构体变量占用空间是各成员所占空间之总和；共用体变量占用的存储空间是各成员中所占空间最大者。

(2) 结构体变量各成员占用内存中一片连续的存储区，各成员的地址互不相同；共用体变量各成员在内存中所占空间的起始地址相同。

(3) 结构体变量的各个分量在任何时刻都同时存在，且可同时引用。共用体变量的各个分量在同一时刻只存在其中一个，也只能引用其中的一个分量。

(4) 结构体变量可以初始化，共用体变量不能初始化。

【例 7-5】写出下列程序的运行结果。

程序代码如下(ch07-5.c)：

```
/* ch07-5.c */
#include <stdio.h>
int main()
{ union exx
 {  int a, b;
    struct
      {int c, d;}lpp;
 }e;
 e.a=10;
e.b=e.a+20;
e.lpp.c=e.a+e.b;
e.lpp.d=e.a*e.b;
printf("%d, %d\n", e.lpp.c, e.lpp.d);
return 0;
}
```

分析：

该程序中定义了一个共用体变量 e，由三个元素组成：整型 a 和 b，结构体 lpp，其中的结构体 lpp 又由两个元素整型 c 和 d 构成。根据共用体变量和结构体变量在内存中的存放形式可知，e.a、e.b 和 e.lpp.c 在内存中占同样的内存单元，而 e.lpp.d 和它们占用不同的内存单元。程序中首先给 e.a 赋值 10，然后 e.b=e.a+20，结果 e.b=30，接着 e.lpp.c=e.a+e.b，这里需要注意的是，由于 e.a 和 e.b 占同样的内存单元，因此值均为 30，所以 e.lpp.c=60，而 e.lpp.c 和 e.a、e.b 占用同样的内存单元，因此此时该内存单元的值为 60。紧接着

e.lpp.d=e.a*e.b，实际上是 60*60=3600，因此 e.lpp.d=3600。但是 e.lpp.d 与 e.lpp.c 占用不同的内存单元，因此并不覆盖。

所以程序最后的运行结果为：

```
60, 3600
```

7.6.4 共用体类型的应用

【例 7-6】设有若干人员的数据，其中有学生和教师。学生的数据包括：编号、姓名、性别、职业、班级。教师的数据包括：编号、姓名、性别、职业、职务。要求可以输入人员的数据并能输出它们的资料，把资料放在同一表格中，表格格式如表 7.2 所示。

表 7.2 学生/教师数据表

编 号	姓 名	性 别	职 业	职务/班级
8913	LiNa	F	s	604
1102	GuoFeng	M	t	prof

分析：

上表中，学生和教师都有：编号、姓名、性别、职业这四项，再加上最后一项班级/职务，定义一个结构体来存储学生和教师的信息就可以了。问题是最后一项出现了两个信息：班级和职务。看得出，如果是学生，即职业项是“s”，那么最后一列采用班级；如果是教师，即职业项是“t”，那么最后一列采用职务。我们为最后一列定义一个共用体正好可以解决问题。为简化起见，这里只输入表中给出的两个人员的数据。

程序代码如下(ch07-6.c)：

```
/*ch07-6.c*/
#include <stdio.h>
struct
{  int num;
   char name[20];
   char sex;
   char job;
   union
     {int classid;
      char position[10];
     }pos;     /*定义一个共用体变量 pos，可根据需要选择存入班级或职务*/
}person[2];  /*定义一个结构体数组，其中一个成员是共用体变量 pos*/
int main()
{int i;
 for(i=0;i<2;i++)
   {scanf("%d %s %c %c", &person[i].num, person[i].name, &person[i].sex,
&person[i].job);
    if(person[i].job=='s')
    scanf("%d", &person[i].pos.classid);
    else if(person[i].job=='t')
    scanf("%s", person[i].pos.position);
```

```
    else
      printf("input error!");
    }
  printf("\nNo. Name Sex Job Class/Position\n");
  for(i=0;i<2;i++)
 {if(person[i].job=='s')
 printf("%6d%10s%5c%5c%6d\n",person[i].num,person[i].name,person[i].sex,
 person[i].job, person[i].pos.classid);
 else
 printf("%6d%10s%5c%5c%6s\n",person[i].num,person[i].name,person[i].sex,
 person[i].job, person[i].pos.position);
     }
  return 0;
 }
```

程序运行结果：

```
8913 LiNa F s 604↙
1102 GuoFeng M t prof↙

No.  Name      Sex    Job    Class/Position
8913  LiNa       F      s      604
1102  GuoFeng    M     t      prof
```

7.7 枚举类型

枚举类型是 C 语言基本数据类型的一种，如果一个变量只有几种可能的取值，可以定义为枚举类型。所谓“枚举”是指将变量的值一一列举出来，变量的取值只限于列举出来的范围内。

枚举类型的主要用途是用名称来代替某些有特定含义的数据，通过用户自主选用可令人“顾名思义”的标识符，使之更直观，增加程序的可读性。

声明枚举类型的一般格式为：

```
enum 枚举类型名{枚举常量 1, 枚举常量 2, …, 枚举常量 n};
```

例如：

```
enum weekday {sun, mon, tue, wed, thu, fri, sat};
```

该语句声明了一个枚举类型 enum weekday，其中 sun、mon、…、sat 称为枚举元素或枚举常量。枚举元素只能为标识符，不能为数字常量或字符常量。

声明了一个枚举类型后，就可以用此类型来定义变量。与结构体、共用体一样，枚举类型变量的定义方法也有 3 种。

(1) 先定义枚举类型，再定义变量。例如，可以用刚定义的枚举类型 enum weekday 来定义两个变量 workday 和 weekend：

```
enum weekday workday, weekend;
```

(2) 定义枚举类型的同时定义变量。例如：

```
enum weekday {sun, mon, tue, wed, thu, fri, sat} workday, weekend;
```

(3) 直接定义枚举类型的变量。例如：

```
enum {sun, mon, tue, wed, thu, fri, sat} workday, weekend;
```

使用枚举类型的时候需要注意以下几点。

(1) 枚举类型和结构体、共用体一样是用户自定义的构造类型，如 weekday 是用户定义的枚举类型标识符。

(2) 枚举型仅适用于取值有限的数据。例如，一周 7 天，一年 12 个月等。

(3) 枚举常量是用户给枚举类型变量所限定的可能的取值。如变量 workday 和 weekend 的值只能是 sun 到 sat 之一，例如：

```
workday=mon;
weekend=sun;
```

是正确的，而

```
workday=1;
weekend=sunday;
```

是不正确的。

(4) 枚举常量是用户定义的标识符，这些标识符并不自动地代表什么含义。例如，“sun”并不自动代表“星期天”，而且也不一定必须用“sun”，写成“Sun day”等也可以。用什么标识符代表什么含义，完全由程序员决定。

(5) 每个枚举常量均有值，值就是枚举常量的顺序号，按定义时的顺序它们的值依次为 0、1、2、…、n-1。例如，前面例子中 sun、mon、tue、wed、thu、fri、sat 的值依次为 0、1、2、3、4、5、6。如果有以下语句：

```
workday=wed;
printf("%d", workday);
```

则运行结果为 3。

枚举常量除了自动赋值外，在定义枚举类型时也可以给枚举常量赋值，方法是在枚举常量后面跟上“=正整数”。例如：

```
enum color{red=3, yellow=1, green=8};
```

则枚举常量 red 的值为 3，yellow 的值为 1，green 的值为 8。

在给枚举常量赋初值时，如果给其中一个枚举常量赋值，则其后的枚举常量按自然数的规则依次赋值。例如：

```
enum weekday {sun, mon, tue, wed=8, thu=3, fri, sat};
```

则枚举常量的值分别为：sun=0，mon=1，tue=2，wed=8，thu=3，fri=4，sat=5。

需要注意的是，枚举常量类似于符号常量，它不是变量，因此除了在定义枚举类型时可以给其赋初值外，不能在程序中对其赋值。例如：

```
sun=0; mon=1;
```

是错误的。

(6) 除非作为枚举常量，一般不能直接将一个整数赋给枚举变量，但可以通过强制类型转换来赋值。例如：

```
workday=1;
```

是错误的，应该写成：

```
workday=(enum weekday)1;
```

这条语句的作用是将顺序号为1的枚举元素赋给workday，相当于：

```
workday=mon;
```

【例7-7】使用枚举类型编写程序，从键盘输入1～12之间的任意整数，显示与该整数对应的月份的英文名称以及该月份的天数。

程序代码如下(ch07-7.c)：

```
/* ch07-7.c */
#include <stdio.h>
int main()
{
enum month {Jan=1, Feb, Mar, Apr, May, Jun, Jul, Aug, Sep, Oct, Nov, Dec}mon;
 int i;
 scanf("%d", &i);
 if(i>=1&&i<=12)
{mon=(enum month)i;
switch(mon)
{case Jan: printf("January: 31days");break;
       case Feb: printf("February: 28/29days");break;
       case Mar: printf("March: 31days");break;
       case Apr: printf("April: 30days");break;
case May: printf("May: 31days");break;
       case Jun: printf("June: 30days");break;
 case Jul: printf("July: 31days");break;
       case Aug: printf("August: 31days");break;
       case Sep: printf("September: 30days");break;
       case Oct: printf("October: 31days");break;
       case Nov: printf("November: 30days");break;
       case Dec: printf("December: 31days");break;
      }
   }
else
  printf("input error!");
 return 0;
}
```

程序运行结果：

```
4↙
April: 30days
```

【例 7-8】设某月的第一天是星期一，编程实现输入该月的任意一天，由程序给出这一天是星期几。

程序代码如下(ch07-8.c)：

```
/* ch07-8.c */
#include <stdio.h>
int main()
{
enum week{sun, mon, tue, wed, thu, fri, sat}day[32];
int i, j, num;
j=1;        /*某月的第一天为星期一，枚举元素 mon 对应 1*/
for(i=1;i<32;i++) /*给每一天赋上对应的星期几*/
{day[i]=(enum week)j;  /*将整数强制转换为枚举类型后再赋值*/
if(j==6) j=0;
else j=j+1;
}
printf("\nInput day: ");
scanf("%d", &num);
switch(day[num])
{case 0: printf("%d is Sunday\n", num);break;
case 1: printf("%d is Monday\n", num);break;
case 2: printf("%d is Tuesday\n", num);break;
case 3: printf("%d is Wednesday\n", num);break;
case 4: printf("%d is Thursday\n", num);break;
case 5: printf("%d is Friday\n", num);break;
case 6: printf("%d is Saturday\n", num);break;
}
 return 0;
}
```

程序运行结果：

```
Input day: 15↙
15 is Monday
```

7.8 用 typedef 定义类型

在 C 语言中，除了可以直接使用 C 语言提供的标准类型名(如 int、char、float 等)和自己声明的结构体、共用体、枚举类型外，还可以用 typedef 声明新的类型名来代替已有的类型名。例如：

(1) typedef int integer;

指定用 integer 代替 int 类型，这时 integer j, k;等价于 int j, k;

(2) typedef int arr[5];

指定用 arr 代替一个包含 5 个整数的整型数组，这时 arr a, b;等价于 int a[5], b[5];

(3) typedef struct person

```
{
```

```
 long num;
 char name[10];
}node;
```

指定用 node 代替结构体类型 struct person，这时 node p1, p2;等价于 struct person p1, p2;

归纳起来，声明一个新的类型名的方法是：

(1) 先按定义变量的方法写出定义体(如：int j;)。

(2) 将变量名换成新类型名(如：将 j 换成 integer)。

(3) 在最前面加 typedef(如：typedef int integer;)。

(4) 新类型名定义好，可以用新类型名去定义变量。

以上边的第 2 个例子定义一个的数组类型为例，步骤如下。

(1) 先按定义数组变量形式书写：int a[5];

(2) 将变量名 a 换成自己指定的类型名：int arr[5];

(3) 在前面加上 typedef，得到 typedef int arr[5];

(4) 新类型名定义好，可以用来定义变量。如：arr a, b; 等价于 int a[5], b[5];

关于使用 typedef 的几点说明如下。

(1) 用 typedef 可以声明各种类型名，但不能用来定义变量。

(2) 用 typedef 只是对已经存在的类型增加一个类型名，而没有创造新的类型。

(3) typedef 与#define 有相似之处，如：

```
typedef int integer;
#define integer int;
```

两者的作用都是用 integer 代表 int。

但二者是不同的：前者是由编译器在编译时处理的；后者是由编译预处理器在编译预处理时处理的，而且只能作简单的字符串替换。

7.9 本章小结

本章介绍了 C 语言基本数据类型中的枚举类型以及两种构造型数据——结构体、共用体的定义及使用方法。

结构体和共用体是两种构造型数据类型，是用户定义新类型的重要手段。它们都由成员组成，成员可以是不同的数据类型。在结构体中，各成员都占有自己的内存空间，它们是同时存在的，结构体变量的长度等于所有成员长度之和。在共用体中，所有成员不能同时占有它们的内存空间，它们不能同时存在，共用体变量的长度等于最长的成员的长度。

枚举类型是一种用户自定义的基本数据类型。枚举变量的取值是有限的，枚举元素是常量，不是变量。

7.10 上机实训

7.10.1 实训1 使用结构体和共用体描述客车和货车

1. 实训目的

学习结构体和共用体类型的使用。

2. 实训内容及代码实现

任务描述：

使用结构体和共用体，描述客车 bus 和货车 truck。要求描述出客车的车轮数和载客数，货车的车轮数及载重量。

输入：

无

输出：

两行，第一行输出客车的载客数，第二行输出货车的载重量。

输出样例：

The bus carries passengers:40

The truck carries goods:15000

问题分析：

描述两种车型可以使用一个结构体，结构体的第一个成员为车轮数，第二个成员为一个共用体，对于货车，该成员为载重量；对于客车，该成员为载客数。

程序代码如下(ch07-9.c)：

```
/* ch07-9.c */
#include<stdio.h>
struct vehicle
{  int wheel;  /*车轮数*/
   union
   {   float load;      /*货车载重量*/
      int passengers;  /*客车载客数*/
   };
}bus, truck;
int main()
{  bus.wheel=4;
  bus.passengers=40;
  truck.wheel=6;
  truck.load=15000;
  printf("The bus carries passengers:%d\n", bus.passengers);
  printf("The truck carries goods:%.0f\n", truck.load);
    return 0;
}
```

7.10.2　实训 2　假设今天是星期日，判断若干天后是星期几

1. 实训目的

应用枚举类型解决问题。

2. 实训内容及代码实现

任务描述：

已知今天是星期日，从键盘输出间隔天数，判断经过间隔天数后是星期几。

输入：

输入一个整数，表示间隔天数。

输出：

输出今天的星期数，以及经过间隔天数后是星期几。

输入样例：

2

输出样例：

今天是星期日，2 天后是星期二。

问题分析：

定义枚举型变量 day，表示星期数。从星期日开始，间隔 n 天的星期数可以利用求余数运算实现：(day+n)%7

程序代码如下(ch07-10.c)：

```
/* ch07-10.c */
#include <stdio.h>
int main()
{
   int n;
   enum {sun, mon, tue, wed, thu, fri, sat} day;
   char weekday[7][7] = {"星期日", "星期一", "星期二", "星期三", "星期四", "星
期五", "星期六"};
   printf("输入间隔天数:");
   scanf("%d", &n);
   day = sun;
   printf("今天是%s, %d 天后是%s.\n", weekday[day], n, weekday[(day+n)%7]);
   return 0;
}
```

7.11　习　　题

1. 比较说明什么是结构体？什么是共用体？

2. 定义一个结构体变量，从键盘上输入某年的年、月、日，计算出该日在本年中是第几天。注意闰年问题。

3. 编写程序，显示输出一个记录学生成绩的数组，该数组中有 5 个学生的数据记录，每个记录包括：学号、姓名和该生的三门课成绩。

4. 从键盘输入 1～10 之间的任意整数，显示与之对应的英文名称。

5. 某市进行人口普查，需记录的信息有：姓名、性别、出生日期、职业。如果是学生，则要另外填写就读学校和年级两项内容；如果是在职人员，则要另外填写工作单位和入职时间两项内容。要求输入数据并在屏幕上显示输出。

第 8 章　函数与程序结构

本章要点

- 什么情况下需要使用函数;
- 程序模块化思想;
- 自定义函数的语法规则;
- 函数的调用与参数传递;
- 函数的返回值与类型;
- 变量的作用域与存储类型。

本章难点

- 模块化原则;
- 函数参数传递与返回值;
- 变量的作用域。

在设计较复杂的程序时，我们一般采用的方法是：把问题分成几个部分，每部分又可分成更细的若干小部分，逐步细化，直至分解成很容易求解的小问题。这样的话，原来问题就可以用这些小问题来表示。

使用函数进行编程的主要原因有两个：第一，如果程序的功能比较多，规模比较大，把所有代码都写在 main 函数中，就会使主函数变得庞杂、头绪不清，阅读和维护变得困难；第二，有时程序中要多次实现某一功能，就需要多次重复编写实现此功能的程序代码，这使程序变得冗长，不够精练。

8.1　C 语言中的程序模块

把复杂任务细分成多个问题的过程，称为程序的模块化。模块化程序设计是靠设计函数和调用函数实现的。

人们在求解一个复杂问题时，通常采用的是逐步分解、分而治之的方法，也就是把一个大问题分解成若干个比较容易求解的小问题，然后分别求解。程序员在设计一个复杂的应用程序时，往往也是把整个程序划分为若干功能较为单一的程序模块，然后分别予以实现，最后再把所有的程序模块像搭积木一样装配起来，这种在程序设计中分而治之的策略，被称为模块化程序设计方法。这个过程如图 8.1 所示。

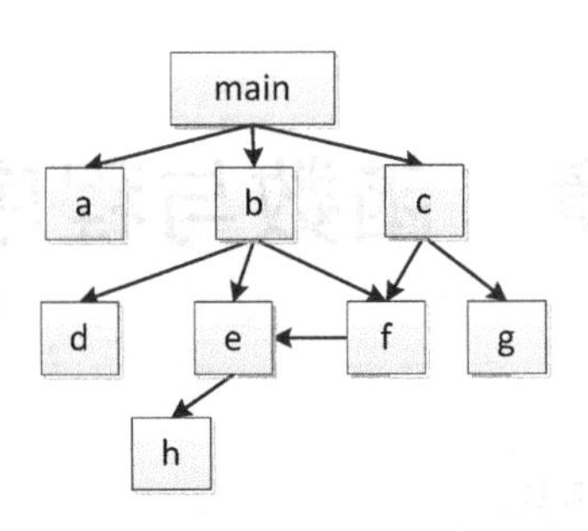

图 8.1 模块化程序设计思路

8.2 函数的基本知识

C 语言程序的基本组成单位是函数，组成 C 语言的基本函数全部是并列(平行、顺序)定义的，C 语言的函数不允许嵌套定义。

由单个函数或多个相关函数可组成功能模块。

C 语言支持模块化编程的概念，也就是说，我们不必把一个程序的所有语句放置到一个源文件中。实际上，我们可以把程序的某些模块放到一个源文件中，而把另外的一些模块放到其他的源文件中。这里的模块是指单个函数或一组逻辑上相关的函数。

以下是 C 程序结构:

```
#include<标准函数头文件>
#include "自定义函数头文件"
函数原型声明
全局数据定义
int main()
{
//...主函数定义
}
其他函数模块定义
```

标准函数头文件是系统为我们提供的一系列功能模块，也可将常用的某些功能，定义成自定义功能模块，“拼构”自己的程序(系统)。

(1) 从用户使用的角度看，函数有两种。

① 库函数，它是由系统提供的，用户不必自己定义而直接使用它们。应该说明，不同的 C 语言编译系统提供的库函数的数量和功能会有一些不同，当然许多基本的函数是共同的。

② 用户自己定义的函数。它是用以解决用户专门问题所需要的函数。

(2) 从函数的形式看，函数分两类。

① 无参函数。无参函数一般用来执行指定的一组操作。无参函数可以带回或不带回函数值。

② 有参函数。在调用函数时，主调函数在调用被调用函数时，通过参数向被调用函数传递数据，一般情况下，执行被调用函数时会得到一个函数值，供主调函数使用。

8.2.1 函数的定义

函数的一般形式是:

```
返回类型 函数名称(参数列表){
    函数体
}
```

返回类型说明符定义了函数返回值的类型，其类型可是任何有效的数据类型。当一个函数没有返回值时，函数就会返回一个空值 void，即需要将返回值说明为 void。

参数表是一个用逗号分隔的变量说明表，当函数被调用时这些变量接收调用参数的值。一个函数可以没有参数，这时参数表是空的。但即使没有参数，括号仍然是必须要有的。

C 程序的执行是从 main 函数开始的，如果在 main 函数中调用其他函数，在调用后流程返回到 main 函数，在 main 函数中结束整个程序的运行。

所有函数都是平行的，即在定义函数时是分别进行的，是互相独立的。一个函数并不从属于另一个函数，即函数不能嵌套定义。函数间可以互相调用，但不能调用 main 函数。main 函数是被操作系统调用的。

8.2.2 函数的调用

函数的调用(使用)，在学第一个 C 程序时就用过了，记得程序如何输出数据吗？我们在输出数据时用的 printf( )，就是在使用函数，称为调用函数。

按函数调用在程序中出现的形式和位置来分，可以有以下 3 种函数调用方式。

(1) 函数调用语句。把函数调用单独作为一个语句，例如：

```
printf("hello");
```

这时不要求函数带回值，只要求函数完成一定的操作。

(2) 函数表达式。函数调用出现在另一个表达式中，例如：

```
c=sqr(a)+6;
```

这时要求函数带回一个确定的值以参加表达式的运算。

(3) 函数参数。函数调用作为另一函数调用时的实参，例如：

```
m=sqr(sqr(a));
```

其中 sqr(a)是一次函数调用，它的值作为 sqr 另一次调用的实参。

可是，函数不能作为赋值对象，下列语句是错误的：

```
swap(x, y)=100;
```

8.2.3 函数原型

函数原型就是对相应的函数进行概要描述，一般形式是：

```
函数类型 function_name (形参列表或形参类型);
```

函数使用形参，也可不将其写入说明语句，只说明类型。

C 语言中使用函数时，必须遵守先定义，后使用的原则。

如果调用函数在前，函数定义在后，此时应先使用函数原型对后定义的函数进行函数声明，告知编译程序该函数的正确调用方式。

(1) 子函数先定义，后使用。例如：

```
#include <stdio.h>
float sum(float  a, float  b)   /* 函数定义*/
{
 return a+b;
}
int main ( )
{
   float first, second;
   first=123.23;
   second = 99.09;
   printf ("%f", sum(first, second));
   return 0;
}
```

(2) 子函数后定义时，必须在使用前给出函数声明。例如：

```
#include <stdio.h>
float sum(float a, float b);   /* 函数声明 */
int main( )
{
   float first, second ;
   first=123.23;
   second = 99.09;
   printf ("%f", sum(first, second));
   return 0;
}
float sum(float a, float b) /* 函数定义* /
{
   return a+b;
}
```

8.2.4 函数返回值

函数可以将结果以 return 语句返回，return 语句有两个重要用途。第一，它使得内含它的那个函数立即退出，也就是使程序返回到调用语句处继续进行；第二，它可以用来回送一个数值。下面说明这两个用途。

1. 从函数返回

函数可以用两种方法停止运行并返回到调用程序。第一种是在执行完函数的最后一个语句之后，从概念上讲，是遇到了函数的结束符“}”(当然这个花括号实际上并不会出现在目标码中，但我们可以这样理解)。例如，下面的函数在屏幕上显示一个字符串：

```
void pr_reverse()
{
    char s[80];    /*定义一个字符数组*/
    scanf("%s", s); / *输入一个字符串，其长度不超过 79 个字符*/
    printf("%s\n",s);
    return;
}
```

一旦字符串显示完毕，函数就没事可做了，这时它返回到被调用处。在实际情况中，没有多少函数是以这种缺省方式终止运行的。因为有时必须送回一个值，大多数函数用 return 语句终止运行，有时在函数中设立了多个终止点以简化函数、提高效率。切记，一个函数可以有多个返回语句。如下所示，函数在 s1、s2 相等时返回 1，不相等时返回-1。例如：

```
int cmpchar ( char s1 ,char s2 )
{
if( s1==s2 )
  return 1;
else
  return -1;
}
```

2. 返回值

所有的函数，除了空值类型外，都返回一个数值，该数值由返回语句确定，无返回语句时，返回值是 0。这就意味着，只要函数没有被说明为空值，它就可以用在任何有效的 C 语言表达式中作为操作数。下面这些语句都是合法的 C 语言语句。

```
x = power (y);
if (max (x,y) >100)
  printf("greater");
for (ch=getchar();isdigit (ch);)
…;
```

所有非空值的函数都会返回一个值。我们编写的程序中大部分函数属于三种类型。第一种类型是简单计算型——函数设计成对变量进行运算，并且返回计算值。计算型函数实际上是一个“纯”函数，例如 sqr( )函数和 sin( )函数。第二类函数处理信息，并且返回一个值，仅以此表示处理的成功或失败。例如 write( )函数，用于向磁盘文件写信息。如果写操作成功了，write( )函数返回写入的字节数，当函数返回-1 时，标志写操作失败。最后一类函数 void 返回值。实际上这类函数是严格的过程型函数，不产生值。因此，虽然除了空值函数以外的所有函数都返回一个值，我们却不必非得去使用这个返回值。

请看下面的程序，它使用了 mul( )函数。mul( )函数定义为：int mul(int x，int y){...}

```
#include <stdio.h>
int main( )
{
int x,y,z;
x=10; y=20;
```

```
z=mul (x, y);     /* 1 */
printf("%d\n", mul (x , y )); /* 2 */
mul(x, y);       /* 3 */
return 0;
}
```

在第一行，mul()的返回值被赋予 z，在第二行中，返回值实际上没有赋给任何变量，但被 printf()函数所使用。最后，在第三行，返回值被丢弃不用，因为既没有把它赋给第一个变量，也没有把它用作表达式中的一部分。

8.2.5 函数参数

1. 形式参数与实在参数

函数定义时填入的参数我们称之为形式参数，简称形参，它们同函数内部的局部变量作用相同。形参的定义是在函数名后花括号中进行的。

调用时填入的参数，我们称之为实在参数，简称实参。

必须确认所定义的形参与调用函数的实在参数类型一致，同时还要保证在调用时形参与实参的个数出现的次序也要一一对应。如果不一致，将产生意料不到的结果。C 语言与其他高级语言不同，几乎没有运行时错误检查，完全没有范围检测。编程时，必须小心行事以保证不发生错误，安全运行。

2. 赋值调用与引用调用

一般说来，有两种方法可以把参数传递给函数。第一种叫作“赋值调用”(call-by-value)，这种方法是把参数的值复制到函数的形式参数中。这样，函数中的形式参数的任何变化不会影响到调用时所使用的变量。

简单类型的参数都采用赋值调用，实在参数可以是常量、变量或表达式，形式参数与实在参数的结合相当于进行赋值操作，要求赋值时能自动转换即可。

即：形参=实参；

把参数传递给函数的第二种方法是“引用调用”(call-by-reference)。这种方法是把参数的地址复制给形式参数，在函数中，这个地址用来访问调用中所使用的实在参数。这意味着，形式参数的变化会影响调用时所使用的那个变量(详细内容请参见后续章节)。

除少数情况外，C 语言使用赋值调用来传递参数。这意味着，一般不能改变调用时所用变量的值。请看下例：

【例 8-1】函数的赋值调用。

程序代码如下(ch08-1.c)：

```
/* ch08-1.c * /

#include <stdio.h>
int sqr(int x)              /* 函数定义，x是形式参数*/
{
    x=x*x;
    return (x);
```

```
}
int main()
{
    int sqr(int x);
    int t =10;
    printf("%d  %d", sqr(t), t); /*sqr(t)是函数调用, t 是实参*/
    return 0;
}
```

在这个例子里，传递给函数 sqr( )的参数值是复制给形式参数 x 的，当赋值语句“x = x * x;”执行时，仅修改局部变量 x。用于调用 sqr( )函数的变量 t，仍然保持着值为 10。

运行结果：

```
100  10
```

切记，传给函数的只是参数值的复制品。所有发生在函数内部的变化均无法影响调用时使用的变量。

8.3　函数的递归调用

C 语言函数定义只能并列，不能嵌套，但函数的调用可以顺序调用，也可嵌套调用。

例如程序框架如下：

```
B()
{
  …
}

C()
{
  …
}

A()
{
  …
  B();
  …
  C();
  …
}
```

定义 A、B、C 三个函数时只能并列定义。在 A 函数中对 B、C 两个函数的调用是嵌套调用。

C 语言函数可以自我调用。如果函数内部一个语句调用了函数自己，则称这个函数是“递归”函数。递归有两种形式：直接递归，间接递归。如果函数在函数体中调用了自身称为直接递归；如果函数在函数体中通过其他函数的调用，又调用了自身称为间接递归。

程序框架如下：

```
直接递归                          间接递归
B()                               A()
{                                 {
…                                 …
B();                              C();
…                                 …
}                                 }
                                  C()
{                                 {
                                  …
                                  A();
                                  …
}                                 }
```

递归的例子很多，例如 fac(n)=fac(n−1)+fac(n−2)。

C 语言是一种可递归的计算机语言，它的函数能够自己调用自己。一个简单的例子就是计算整数阶乘的函数 factor( )。数 N 的阶乘是 1 到 N 之间所有数字的乘积。例如 3 的阶乘是 1×2×3，就是 6。factor( )和其等效函数 fact( )如下：

factor( )函数：

```
int factor (int n ) /* 递归调用方法* /
{
    int answer;
    if (n==0)
        return (1);
    answer=factor(n-1)*n; /* 函数自身调用* /
    return (answer );
}
```

fact( )函数：

```
int fact (int n )     /* 非递归方法* /
{
    int t, answer;
    answer=1;
    for (t=1;t<= n;t + + )
          answer = answer*t;
    return (answer);
}
```

非递归函数 fact( )的执行应该是易于理解的。它应用一个从 1 开始到指定数值结束的循环。在循环中，用“变化”的乘积依次去乘每个数。

factor( )的递归执行比 fact( )稍复杂。当用参数 1 调用 factor( )时，函数返回 1；除此之外的其他值调用将返回 factor(n−1) * n 这个乘积。为了求出这个表达式的值，用 n−1 调用 factor( )一直到 n=1，调用开始返回。

递归函数的主要优点是可以把算法写得比使用非递归函数时更清晰更简洁，而且某些问题，特别是与人工智能有关的问题，更适宜用递归方法。递归的另一个优点是，递归函数不会受到怀疑，较非递归函数而言，某些人更相信递归函数。

编写递归函数时，必须在函数的某些地方使用 if 语句，强迫函数在未执行递归调用前返回。如果不这样做，在调用函数后，它永远不会返回。在递归函数中不使用 if 语句，是一个很常见的错误。

能采用递归描述的算法通常有这样的特征：为求解规模为 N 的问题设法将它分解成一些规模较小的问题，然后从这些小问题的解方便地构造出大问题的解，并且这些规模较小的问题也能采用同样的分解和综合方法，分解成规模更小的问题，并从这些更小问题的解构造出规模稍大问题的解。

递归程序设计方法：第一，将问题进行参数化描述；第二，确定递归出口(递归的起点)；第三，找出对问题求解的化简公式。

例如，用递归的方法求 n!，第一，参数化描述，factor (n)，求 n!；第二，确定递归出口阶乘起点 0!=1；第三，找出对问题求解的化简公式，factor (n)=n*factor (n−1)。

在编写递归函数时要注意，函数中的局部变量和参数只是局限于当前调用层的，当递推进入“简单问题”层时，原来层次上的参数和局部变量便被隐蔽起来。在一系列“简单问题”层，它们各有自己的参数和局部变量。

递归程序著名的例子是汉诺塔(Tower of Hanoi)问题。

汉诺塔(又称河内塔)问题是印度的一个古老的传说。开天辟地的神勃拉玛在一个庙里留下了三根金刚石的棒，第一根上面套着 64 个圆的金片，最大的一个在底下，其余一个比一个小，依次叠上去，庙里的众僧不倦地把它们一个个从这根棒搬到另一根棒上，规定可利用中间的一根棒作为帮助，但每次只能搬一个，而且大的不能放在小的上面。众僧们耗尽毕生精力也不可能完成金片的移动。

如何对此类问题求解呢？递推的方式很难解决，换一种思路我们能否用递归的方式来解决？

先将问题抽象描述出来：n 个盘片在 A 柱，中间借用 B 柱，搬到 C 柱上。

表示如下：Hanoi (n, A, B, C);

如果我们能把 n 个盘片汉诺塔问题，化简成 n−1 个盘片汉诺塔问题，我们就可利用递归的方式，解决此问题了。n 个盘片汉诺塔问题如何化为 n−1 个盘片汉诺塔问题？

如果只有一个盘片(n=1)，直接就可移到 C 柱上完成；当有多个盘片(n>1)时，设想中间的某一个状态能够将 A 柱上最大的盘片放到 C 柱上时，必然要将最初 A 柱上的 n−1 个盘片移到 B 柱上，再将 A 柱上最大的一个盘片放到 C 柱上，最后将 B 柱上的 n−1 个盘片移到 C 柱上。这样就可利用递归的方式解决此问题了。

函数 Hanoi (n, A, B, C)的算法用伪码表示如下：

```
if (n==1)
  Move(A--〉C);
else
   {
       Hanoi ( n-1, A, C, B);
       Move(A--〉C);
       Hanoi ( n-1, B, A, C);
   }
```

整理递归如下：

如果 n=1，则将这一个盘子直接从 A 柱移到 C 柱上。否则，执行以下三步：

① 用 C 柱做过渡，将 A 柱上的 (n-1) 个盘子移到 B 柱上；

② 将 A 柱上最后一个盘子直接移到 C 柱上；

③ 用 A 柱做过渡，将 B 柱上的 (n-1) 个盘子移到 C 柱上。

汉诺塔问题的解决程序如下：

```
#include <stdio.h >
void Hanoi (int n, char A, char B, char C)
{
    if ( n == 1 )
       printf( " move  %c  to  %c " , A, C);
    else
  {       Hanoi  ( n-1, A, C, B );
          printf( " %d  move  %c  to  %c " , n, A, C);
          Hanoi  ( n-1, B, A, C );
      }
}
int main()
{
    int n=4;
    Hanoi (n, 'A', 'B', 'C');
    return 0;
}
```

8.4 数组做参数

数组元素做函数实参，遵循“值传送”特性，此时形参为变量。

数组名可做实参和形参，传送的是数组地址(整个数组)。

在用数组名做函数参数时，实参和形参都应该用数组(或指针变量)。

除了可以用数组元素作为函数参数外，还可以用数组名作函数参数(包括实参和形参)。用数组元素作实参时，向形参变量传递的是数组元素的值；用数组名作函数实参时，向形参传递的是数组首元素的地址。

数组名作函数参数时应注意：

(1) 数组名作函数参数时，应在主调函数和被调函数中分别定义数组。

(2) 实参数组与形参数组的类型必须相同，但大小可以不同。

(3) 形参数组的一维下标可以省略。

(4) 数组名表示的是数组元素的首地址，数组名作函数参数时，传递的是整个数组。实参与形参之间的数据传递是地址传递。

例如将前面对数组中数据进行排序，设计成一个通用的函数，以便重复使用。

【例 8-2】数组元素做参数与数组做参数的比较，交换数组两个元素后输出。

程序代码如下(ch08-2.c):

```
/* ch08-2.c */
#include<stdio.h>
void Swap1(int a, int b);
void Swap2(int a[]);
int main()
{
    int x[2]={5, 10};
    printf("x[0]=%d   x[1]=%d \n", x[0], x[1]);
    Swap1(x[0], x[1]);
    printf("after Swap1  x[0]=%d   x[1]=%d \n", x[0], x[1]);
    Swap2(x);
    printf("after Swap2  x[0]=%d   x[1]=%d \n", x[0], x[1]);
    return -1;
}
void Swap1(int a, int b)
{
    int t;
    t=a;
    a=b;
    b=t;
}
void Swap2(int a[])
{
    int t;
    t=a[0];
    a[0]=a[1];
    a[1]=t;
}
```

程序运行结果：

```
x[0]=5     x[1]=10
after Swap1  x[0]=5     x[1]=10
after Swap1  x[0]=10    x[1]=5
```

【例 8-3】调用排序函数，对某数组中指定元素排序。

程序代码如下：

```
/* ch08-3.c */
#include<stdio.h>
void sort(double a[], int n) //对形参 a 数组的前 n 个元素从大到小排序
{
      double t;
      int i, j;
      for(j=1;j<n;j++)
       for(i=0;i<n-j;i++)
        if (a[i]<a[i+1])
           {
               t=a[i];
               a[i]=a[i+1];
```

```
            a[i+1]=t;
        }
}
void print(double a[], int n) //打印输出形参 a(对应)数组的前 n 个元素
{
    int i;
    for(i=0;i<n;i++)
        printf("%6.1lf ", a[i]);
    printf("\n");
}
int main()
{
     int i, j;
     double a[10]={65,98.5,87.6,94.6,87.6,76.5,67,87.5,78,89.0};
     double b[10]={65,98.5,87.6,94.6,87.6,76.5,67,87.5,78,89.0};

     sort(a,10);  //对 a 数组的前十个元素排序
     printf("array a the sorted numbers:\n");
     print(a,10); //打印输出 a 数组的前十个元素

     sort(b,6); //对 b 数组的前六个元素排序
     printf("array b the sorted numbers:\n");
     print(b,6);  //打印输出 b 数组的前六个元素
     print(b,10);  //打印输出 b 数组的前十个元素
     return 0;
 }
```

程序运行结果：

```
array a the sorted numbers:
  98.5   94.6   89.0   87.6   87.6   87.5   78.0   76.5   67.0   65.0
array b the sorted numbers:
  98.5   94.6   87.6   87.6   76.5   65.0
  98.5   94.6   87.6   87.6   76.5   65.0   67.0   87.5   78.0   89.0
```

8.5　变量的作用域

“语言的作用域规则”是一组确定一部分代码是否“可见”或可访问另一部分代码和数据的规则。

C 语言中的每一个函数都是一个独立的代码块。一个函数的代码块是隐藏于函数内部的，不能被任何其他函数中的任何语句(除调用它的语句之外)所访问。例如，用 goto 语句跳转到另一个函数内部是不可能的。构成一个函数体的代码对程序的其他部分来说是隐蔽的，它既不能影响程序其他部分，也不受其他部分的影响。换言之，由于两个函数有不同的作用域，定义在一个函数内部的代码数据无法与定义在另一个函数内部的代码和数据相互作用。

C 语言中所有的函数都处于同一作用域级别上，只能是并列的关系。这就是说，把一

个函数定义于另一个函数内部是不可能的。

8.5.1 局部变量

在函数内部定义的变量称为局部变量。局部变量仅由其被定义的模块内部的语句所访问。换言之，局部变量在自己的代码模块之外是不可见的。切记，模块以左花括号开始，以右花括号结束。

局部变量仅存在于被定义的当前执行代码块中，即局部变量在进入模块时生成，在退出模块时消亡。例如：

```
int main ( )
{
    int a,b;                    //a,b 的作用域开始
     …
     {
        int c;          //c 的作用域开始
        c=a+b;
        …
     }              //c 的作用域结束
    …
}                               //a,b 的作用域结束
```

定义局部变量的最常见的代码块是函数，函数的形参也是局部变量。例如，考虑下面两个函数：

```
int func1()
{
    int x; /* 可定义为 auto int x; */
    x = 10 ;
}

int func2()
{
    int x; /* 可定义为 auto int x; */
    x = - 1999 ;
}
```

整数变量 x 被定义了两次，一次在 func1( )中，一次在 func2( )中。func1( )和 func2( )中的 x 互不相关。其原因是每个 x 作为局部变量仅在被定义的块内可知。

语言中包括了关键字 auto，它可用于定义局部变量。但自从所有的非全局变量的默认值假定为 auto 以来，auto 就几乎很少使用了，因此在本书所有的例子中，均见不到这一关键字。

在每一函数模块内的开始处定义所有需要的变量，是最常见的做法。这样做使得任何人读此函数时都很容易了解用到的变量。但并非必须这样做不可，因为局部变量可以在任何模块中定义。为了解其工作原理，请看下面函数：

```
void f()
{
```

```
        int t;
        scanf ("%d" , &t );
        if (t==1)
        {
            char s[80];   /*此变量仅在这个块中起作用*/
            printf("enter name:");
            gets(s) ;    /* 输入字符串*/
            process(s);    /* 函数调用*/
        }
    }
```

这里的局部变量 s 就是在 if 块入口处建立，并在其出口处消亡的。因此 s 仅在 if 块中可知，而在其他地方均不可访问，甚至在包含它的函数内部的其他部分也不行。

在一个条件块内定义局部变量的主要优点是仅在需要时才为之分配内存。这是因为局部变量仅在控制转到它们被定义的块内时才进入生存期。

由于局部变量随着它们被定义的模块的进出口而建立或释放，它们存储的信息在程序块工作结束后也就丢失了。这点对有关函数的访问特别重要。当访问一函数时，它的局部变量被建立，当函数返回时，局部变量被销毁。这就是说，一般的局部变量的值不能在两次调用之间保持。

8.5.2 全局变量

与局部变量不同，全局变量贯穿整个程序，并且可被其后定义的任何一个模块使用。它们在整个程序执行期间保持有效。全局变量定义在所有函数之外，可由函数内的任何表达式访问。在下面的程序中可以看到，变量 count 定义在所有函数之外，函数 main ( )之前。但其实它可以放置在任何第一次被使用之前的地方，只要不在函数内就可以。实践表明，定义全局变量的最佳位置是在程序的顶部。

【例 8-4】全局变量应用举例。

程序代码如下(ch08-4.c)：

```
/* ch08-4.c */
#include<stdio.h>
int count; /*count 是全局变量*/
void func1();
void func2();
int main( )
{
    count = 100;
    func1( );
    return 0;
}
void func1()
{
    int temp;
    temp = count;
    func2();
```

```
    printf("count is  %d", count); /* 打印100 */
}
void func2()
{
    int count;
    for(count = 1; count < 10; count++)
    putchar('.') ;          /* 打印出"." */
}
```

输出结果：

```
.........count is  100
```

仔细研究此程序后，可见变量 count 既不是 main( )函数也不是 func1( )函数定义的，但两者都可以使用它。函数 func2( )也定义了一个局部变量 count。当 func2( )函数访问 count 时，它仅访问自己定义的局部变量 count，而不是那个全局变量 count。

如果全局变量和某一函数的局部变量同名时，该函数对该名的所有访问仅针对局部变量，对全局变量无影响，这是很方便的。然而，如果忘记了这点，即使程序看起来是正确的，也可能导致运行时的奇异行为。

全局变量由 C 编译程序在动态区之外的固定存储区域中存储。当程序中多个函数都使用同一数据时，全局变量将是很有效的。然而，由于三种原因，应避免使用不必要的全局变量。

(1) 不论是否需要，它们在整个程序执行期间均占有存储空间。

(2) 由于全局变量必须依靠外部定义，所以在使用局部变量就可以达到其功能时使用了全局变量，将降低函数的通用性，这是因为它要依赖其本身之外的东西。

(3) 大量使用全局变量时，不可知的和不需要的副作用将可能导致程序错误。如在编制大型程序时有一个重要的问题：变量值都有可能在程序其他地方偶然改变。

结构化语言的原则之一是代码和数据的分离。C 语言是通过局部变量和函数的使用来实现这一分离的。下面用两种方法编制计算两个整数乘积的简单函数 mul( )。

通用的

```
int  mul ( int x , int y )
{
    return ( x * y ) ;
}
```

专用的

```
int  mul ()
{
    return ( x * y ) ;
}
```

两个函数都是返回变量 x 和 y 的积，可通用的(或称为参数化)版本可用于任意两整数之积，而专用的版本仅能计算全局变量 x 和 y 的乘积。

8.5.3　动态存储变量

从变量的作用域原则出发，我们可以将变量分为全局变量和局部变量；换一个方式，从变量的生存期来分，可将变量分为动态存储变量及静态存储变量。

动态存储变量可以是函数的形式参数、局部变量、函数调用时的现场保护和返回地址。这些动态存储变量在函数调用时分配存储空间，函数结束时释放存储空间。动态存储变量的定义形式为在变量定义的前面加上关键字“auto”，例如：

```
auto int a, b, c;
```

关键字 auto 也可以省略不写。事实上，我们已经使用的局部变量均为省略了关键字 auto 的动态存储变量。有时我们甚至为了提高速度，将局部的动态存储变量定义为寄存器型的变量，定义的形式为在变量的前面加关键字 register，例如：

```
register int x, y, z;
```

这样一来的好处是：将变量的值无须存入内存，而只需保存在 CPU 内的寄存器中，以使速度大大提高。由于 CPU 内的寄存器数量是有限的，不可能为某个变量长期占用。因此，一些操作系统对寄存器的使用做了数量的限制，或多或少，或根本不提供。当操作系统不提供寄存器变量时，用自动变量来替代。

8.5.4 静态存储变量

在编译时分配存储空间的变量称为静态存储变量，其定义形式为在变量定义的前面加上关键字 static，例如：

```
static int a=8;
```

定义的静态存储变量一般是局部变量，其定义和初始化在程序编译时进行。作为局部变量，调用函数结束时，静态存储变量不消失并且保留原值。

【例 8-5】静态存储变量的使用。

程序代码如下(ch08-5.c)：

```
/* ch08-5.c */
#include<stdio.h>
int main( )
{
int f( ); /*函数声明*/
int j;
for (j=0; j<3; j++)
  printf("%d\n", f( ));
    return 0;
}
int f( ) /*无参函数*/
{
static int x=1;
x++ ;
return x;
}
```

程序运行结果：

```
2
3
4
```

从上述程序看，函数 f( )被三次调用，由于局部变量 x 是静态存储变量，它是在编译时分配存储空间，故每次调用函数 f( )时，变量 x 不再重新初始化，保留加 1 后的值，得到上面的输出。

总结：标识符的作用域，基本原则是见到标识符由内向外找其定义，直到找到定义为止。如在一个函数内找到定义，就是该函数内局部定义；如找不到，再向外扩充找，如在全局中找到，就是全局定义；如找不到，再扩充到文件外找(外部定义)，如找到，就是外部定义，仍找不到就会报未定义编译错。

在编写 C 语言的函数时，有几个要点需要我们牢记，因为它们影响到函数的效率和可用性。

(1) 参数和通用函数。通用函数是指能够被用在各种情况下，或者是可被许多不同程序员使用的函数。我们不应该把通用函数建立在全局变量上(不应该在通用函数中使用全局变量)。函数所需要的所有数据都应该用参数传递(在个别难以这样做的情况下，可以使用静态变量)。使用参数传递，除了有助于函数能用在多种情况下之外，还能提高函数代码的可读性。不用全局变量，可以使得函数减少因副作用而导致错误的可能性。

(2) 效率。函数是 C 语言的基本构件。对于编写简单程序之外的所有程序来说，函数是必不可少的。但在一些特定的应用中，应当消除函数，而采用内嵌代码。内嵌代码是指一个函数的语句中不含函数调用语句。仅当执行速度是很关键的场合下，才用内嵌代码而不用函数。

有两个原因使得内嵌代码的执行速度比函数快。首先，函数调用需要花费时间；其次，如果有参数需要传递，就要把它们放在堆栈中，这也要用时间。在几乎所有的应用中，执行时间上的这些微小开销是微不足道的。不过当时间开销至关重要时，使用内嵌代码消除函数调用，可以把每次函数调用的开销节省下来。下面的两个程序都是打印从 1 到 10 的数的平方。由于函数调用需要花费时间，所以内嵌代码版本运行得比另一个要快。

内嵌

```
int main( )
{
    int x;
    for(x=1;x<11;++x )
        printf("%d", x*x );
    return 0;
}
```

函数调用

```
int main ( )
{
    int x;
    for(x=1;x < 11;++x )
        printf("%d", sqr(x));
    return 0;
}
sqr (int a)
{
    return a*a;
}
```

8.6 程序举例

【例 8-6】计算 1～7 的平方及平方和。

程序代码如下(ch08-6.c)：

```
/* ch08-6.c */
#include<stdio.h>
```

```
#include<math.h>
void header();  /*函数声明*/
void square(int number);
void ending();
int sum;  /* 全局变量*/
int main ( )
{
    int index;
    header ( ) ;  /*函数调用*/
    for (index = 1;index <= 7;index ++ )
        square ( index );
    ending ( ); /*结束*/
}
void header()
{
    sum = 0;   /* 初始化变量"sum" */
    printf("This is the header for the square program\n\n");
}
void square(int number)
{
    int numsq;
    numsq = number * number;
    sum += numsq;
    printf("The square of %d is  %d  \n ", number, numsq);
    return;
}
void ending()
{
    printf("\nThe sum of the squares is  %d\n ", sum);
    return 0;
}
```

程序运行结果：

```
This is the header for the square program
The square of 1 is 1
The square of 2 is 4
The square of 3 is 9
The square of 4 is 16
The square of 5 is 25
The square of 6 is 36
The square of 7 is 49
The sum of the squares is 140
```

这个程序打印出 1 到 7 的平方值，最后打印出 1 到 7 的平方值的和，其中全局变量 sum 在多个函数中出现过。

全局变量在 header 中被初始化为零；在函数 square 中，sum 对 number 的平方值进行累加，也就是说，每调用一次函数 square 和 sum 就对 number 的平方值累加一次；全局变量 sum 在函数 ending 中被打印。

【例 8-7】全局变量与局部变量的作用。

程序代码如下(ch08-7.c)：

```
/* ch08-7.c */
#include <stdio.h>
void head1();
void head2();
void head3();
int count; /*全局变量*/
int main ( )
{
    register int index; /*定义为主函数寄存器变量*/
    head1( ) ;
    head2( );
    head3( );
    for(index=8;index>0;index--) /*主函数"for" 循环*/
    {
        int stuff; /* 局部变量*/
        /* stuff 的可见范围只在当前循环体内*/
        for(stuff = 0;stuff <= 6;stuff ++ )
          printf("%d", stuff);
              printf(" index is now %d\n", index);
    }
    return 0;
}
int counter; /*全局变量，可见范围为从定义之处到源程序结尾*/
void head1(void)
{
    int index; /*此变量只用于 head1 */
    index = 23;
    printf("The header1 value is %d\n", index);
}
void head2()
{
    int count; /* 此变量是函数 head2( ) 的局部变量*/
    /* 此变量名与全局变量 count 重名*/
    /* 故全局变量 count 不能在函数 head2 ( ) 中使用*/
    count = 53;
    printf("The header2 value is %d\n", count);
    counter = 77;
}
void head3(void)
{
    printf("The header3 value is %d\n", counter);
}
```

程序的运行结果为：

```
The header1 value is 23
The header2 value is 53
```

```
The header3 value is 77
0 1 2 3 4 5 6 index is now 8
0 1 2 3 4 5 6 index is now 7
0 1 2 3 4 5 6 index is now 6
0 1 2 3 4 5 6 index is now 5
0 1 2 3 4 5 6 index is now 4
0 1 2 3 4 5 6 index is now 3
0 1 2 3 4 5 6 index is now 2
0 1 2 3 4 5 6 index is now 1
```

8.7 编译预处理

编译预处理是C语言编译系统的一个组成部分。当对一个源文件进行编译时，系统自动调用预处理程序对源程序的预处理命令进行处理，处理完毕自动进入对源程序的编译。

源程序中的预处理命令均以“#”开头，结束不加分号，以区别源程序中的语句，它们可以写在程序中的任何位置，作用域是自出现点到源程序的末尾。

预处理命令包括执行宏定义(宏替换)、包含文件和条件编译。合理有效地使用预处理功能编写的程序便于阅读、修改、移植和调试，有利于模块化程序设计。

8.7.1 宏定义

1. 不带参数的宏

不带参数的宏是用一个标识符代替一个字符串，一般形式为:

```
#define 宏名 串 (宏体)
```

例如：

```
#define PI 3.14159     /*定义后，可以用PI来代替串3.14159*/
#undef 命令终止宏定义，如:
#undef PI              /*命令终止宏PI的定义*/
```

其中的“#”表示这是一个预处理命令，define是宏定义，宏名是一个标识符，宏体是一个字符串、数值、表达式。

在编译预处理阶段，系统把程序中宏定义后的宏名都替换成宏体，这一替换过程称为宏替换或宏展开(按字面替换)。如:

```
#define R  3.0
#define PI  3.1415926
#define L  2*PI*R        /*宏体是表达式*/
#define S  PI*R*R
#include<stdio.h>
int main( )
{
  printf("L=%f\nS=%f\n", L, S);  /*2*PI*R替换L, PI*R*R替换S */
}
```

程序运行结果：

```
L=18.849556
S=28.274333
```

关于宏定义的说明如下。

(1) 使用宏可以提高程序的可读性和移植性。调整、修改时更为方便。

(2) 宏定义不是 C 语言的语句，不可跨行书写，后面不能有分号。如有分号会当作宏体的部分。

(3) 可以用 #undef 命令终止宏定义的作用域。

(4) 宏定义可以嵌套定义，宏定义的宏体中可以使用已定义的宏名。

(5) 双引号内与宏同名的字母不做宏展开，只对与宏名同名的标识符做宏替换。

(6) 宏定义的宏名仅用于编译预处理，不是程序变量。

2. 带参数的宏定义

带参数的宏形式上和替换时都比不带参数的宏复杂。宏替换时不但要进行字符替换，而且要进行参数替换(仅限字面替换)。

带参数的宏定义的一般形式为：

```
#define 宏名(参数表) 字符串
```

带实参的宏展开时宏名被所定义的宏体替换，宏体中的形参按从左到右的顺序被实参替换。例如：

```
#define S(a,b) (a)*(b)
#define PR(x) printf("s=%f\n",x);
…
{
 area = S (3,2);
 PR(area) ;
}
```

展开为:

```
area=3*2;
printf("s=%f\n",area) ;
```

注意：

(1) 宏参数可以有多个，各参数间用逗号分开。

(2) 宏名与参数表之间不能出现空格，有空格时将变成无参宏，即把参数表当作宏体。

(3) 宏体中应使用参数表中的参数。

(4) 宏定义中的参数最好都加上括号，否则可能产生错误结果。

例如：

```
#define S(a,b) a*b
…
{
```

```
    area = S(x+3,y+2);
    …
}
```

展开为：

```
    area=x+3*y+2;
//预想结果应是 area=(x+3)*(y+2);
```

宏定义与函数的区别如下。

(1) 引用宏只占编译时间，不占运行时间。

(2) 引用宏没有返回值。

(3) 宏替换的形参无类型

(4) 实参为表达式时，函数调用是先计算出实参的值，再将值传递给形参；宏的引用是用表达式替换形参。例如：

```
#define squ(n) n*n
int main(void)
{
    printf("%f\n",27.0/squ(3.0));
}
```

宏展开：

```
int main()
{
    printf("%f\n",27.0/3.0*3.0);//不是 printf ("%f\n",27.0/(3.0*3.0));
}
```

3. 文件包含

文件包含是在一个源程序中引用另一个源程序中的代码，C 语言提供了文件包含命令 include，它的一般形式如下：

```
#include<文件名>
#include"文件名"
```

文件包含命令的功能是把指定文件名的源文件插入当前源程序中，相当于将两个源文件合成一个，使得在文件名源文件中定义的函数，在当前源程序中有定义。

在程序设计中，文件包含是很有用的。一个大的程序可以分为多个模块，由多个程序员分别编程。有些公用的符号常量或宏定义等可单独组成一个文件，在其他文件的开头用包含命令包含该文件即可使用。这样，可避免在每个文件开头都去书写那些公用量，从而节省时间，并减少出错。

例如，我们进行输入输出必须用#include<stdio.h>就是因为在 stdio.h 头文件中，定义了 scanf()、printf()等输入输出函数，在我们自己编写的源程序中引入了 stdio.h 后，上述函数才有了定义，编译时才能不出错。

对文件包含命令说明如下。

(1) 使用尖括号表示在包含文件目录中去查找(包含目录是由用户在设置环境时设置

的)，而不在源文件目录去查找。

(2) 使用双引号则表示首先在当前的源文件目录中查找，若未找到才到包含目录中去查找。用户编程时可根据自己文件所在的目录来选择某一种命令形式。

(3) 一个 include 命令只能指定一个被包含文件，若有多个文件要包含，则需用多个 include 命令。

(4) 文件包含允许嵌套，即在一个被包含的文件中又可以包含另一个文件。

我们不仅可使用系统提供的相关头文件，也可以将自己编写的常用代码作为类似的文件引入到其他代码中。

先定义 udef.h 如下：

```
#define PRINT printf
#define INPUT scanf
#define PI 3.1415926
```

下面程序中使用了 udef.h：

```
#include <stdio.h>
#include <udef.h>
int main ()
 {
  float s, r;
  PRINT("r=");
  INPUT("%f", &r);
  s=PI*r*r;
  PRINT("AREA=%f\n"\,s);
 }
```

等价如下代码：

```
#include <stdio.h>
#define PRINT printf
#define INPUT scanf
#define PI 3.1415926
int main ()
{
   float s,r;
   PRINT("r=");
   INPUT("%f",&r);
   s=PI*r*r;
   PRINT("AREA=%f\n"\,s);
   return 0;
}
```

8.7.2　条件编译

多数情况下，源程序的所有语句都参加编译，但有时候也希望只对其中的一部分满足条件的语句进行编译，此时就要用到“条件编译”。条件编译是在对源程序编译之前的预处理时，根据给定的条件，决定是编译其中的某一部分源程序，还是编译另外一部分源程序。

条件编译指令也属于预处理指令的一种，主要有以下三种形式。

(1) 形式 1：

```
#if  常量表达式
    程序段 1
  #else
    程序段 2
#endif
```

说明：如果常量表达式为“真”，则编译程序段 1，不编译程序段 2。否则，不编译程序段 1，直接编译程序段 2。

(2) 形式 2：

```
#ifdef 标识符
    程序段 1
#elif defined 标识符 2
    程序段 2
#else
    程序段 3
#endif
```

说明：如果指定的标识符 1 已被定义，则编译程序段 1，否则如果指定的标识符 2 已被定义，则编译程序段 2，否则编译程序段 3。例如：

```
#define TWO
int main()
{
    #ifdef ONE
       printf("1\n");
    #elif defined TWO
       printf("2\n");
    #else
       printf("3\n");
    #endif
    return 0;
}
//输出结果是 2。
```

(3) 形式 3：

```
#ifndef  标识符
    程序段 1
#else
    程序段 2
#endif
```

说明：该指令跟前一个编译命令 ifdef 的作用刚好相反，如果标识符没有被定义，则编译程序段 1，否则编译程序段 2。

例如：

```
#define DEBUG        //此时#ifdef DEBUG 为真
//#define DEBUG 0    //此时为假
int main()
{
    #ifdef DEBUG
       printf("Debugging\n");
    #else
       printf("Not debugging\n");
    #endif
    printf("Running\n");
    return 0;
}
```

说明：每次要输出调试信息前，只需要#ifdef DEBUG 判断一次。不需要了就在文件开始处定义#define DEBUG 0。

【例 8-8】条件编译举例。

程序代码如下(ch08-8.c)：

```
/* ch08-8.c */

#define  inttag  1
int main( )
{
    int ch;
    scanf("%d",ch);
    #if   inttag
        printf("%d",ch);
    #else
        printf("%c",ch);
    #endif
}
```

编译成：

```
int  main( )
{
    int ch;
    scanf("%d",ch);
    printf("%d",ch);
    return 0;
}
```

8.7.3　数据类型再命名

利用 typedef 语句能够对已有类型定义出另一个类型名，目的是提高程序的可读性。

例如：

(1) typedef int inData;

(2) typedef char chData;

(3) typedef char* chPointer;

第一条语句对 int 类型定义了一个别名 inData，第二条语句对 char 类型定义了一个别名 chData，第三条语句对 char*类型(它是字符指针类型)定义了一个别名 chPointer。

以后使用 inData、chData 和 chPointer 就如同分别使用 int、char 和 char*一样，定义出相应的对象。

例如：

(1) inData x, y;

(2) inData a[5]={1,2,3,4,5};

(3) chData c[10]="char data";

(4) chPointer p=0;

第一条语句定义了 inData(即 int)型的两个变量 x 和 y，第二条语句定义了元素类型为 int 的一维数组 a[5]并进行了初始化，第三条语句定义了一个字符数组 c[10]并初始化为“char data”，第四条语句定义了一个字符指针变量 p，并初始化为 0(即 NULL)。

8.8 本章小结

模块化是程序设计重要的思想。C 语言使用函数来实现程序的模块化。函数除了系统提供的库函数之外，我们也可以根据功能需要，自己定义函数。函数必须先定义后使用，如果使用发生在定义之前，则必须在使用之前进行关于函数原型的声明。函数可以有类型，函数类型反映了函数返回值的类型，如果函数只是过程的描述，而没有返回数据，则返回类型为 void，如果有返回结果，则以 return 语句的方式将结果返回，返回值类型要与函数类型相一致。函数也可以有参数，参数可以有多个，之间用逗号分开，每个参数包括类型说明和参数名称。函数定义中的参数称为形式参数，函数调用时的参数称为实际参数，调用时将实参传递给形参后，执行函数功能，遇到 return 语句或者函数的最后一条语句后返回调用处。

变量在语句块内部称为局部变量，函数外部声明的变量为全局变量，由于全局变量破坏了模块化，影响了函数的通用性，因此，如非必要，不要使用全局变量。

本章最后介绍了编译预处理指令#define、#include 以及#if，通过预编译，能够使编写的程序便于阅读、修改、移植和调试，有利于模块化程序设计。

8.9 上机实训

8.9.1 实训 1 简单计算器

1. 实训目的

(1) 使用函数定义功能模块；

(2) 函数的调用。

2. 实训内容及代码实现

任务描述：
设计一个函数，找出所有 m 至 n 以内(包括 m 和 n)满足 I、I+4、I+10 都是素数的整数。
输入：
每组测试数据占一行，是两个整数和运算符，分别为 A, B, OP(+ − * /)；
输出：
输出 A OP B 的结果，结果保留小数点后两位。
输入样例：

1

1 1 +

输出样例：

2.00

程序代码如下(ch08 9.c)：

```
/* ch08 9.c */
#include<stdio.h>
int add(int a, int b)
{
   return a+b;
}
int sub(int a, int b)
{
   return a-b;
}
int mul(int a, int b)
{
   return a*b;
}
float div(int a, int b)
{
   if(b!=0)
     return (float)a/b;
}
int main()
{
   int a,b,N,i;
   char op;
   scanf("%d", &N);
   for(i=1;i<=N;i++)
   {
      scanf("%d %d %c", &a, &b, &op);
      switch(op)
      {
          case '+':printf("%.2f\n", (float)add(a, b));break;
          case '-':printf("%.2f\n", (float)sub(a, b));break;
```

```
            case '*':printf("%.2f\n", (float)mul(a, b));break;
            case '/':printf("%.2f\n", (float)div(a, b));break;
        }
    }
    return 0;
}
```

8.9.2 实训2 找素数

1. 实训目的

(1) 使用函数定义功能模块；

(2) 函数的调用。

2. 实训内容及代码实现

任务描述：

输入两个操作数以及运算符，输出这两个数的运算结果。

输入：

从键盘输入 m 和 n(2<m<n<200000)。

输出：

输入数据有多组，输出所有 m 至 n 以内(包括 m 和 n)满足 I、I+4、I+10 都是素数的整数，如果没有找到请输出“no”。每组输出结果用“#####”隔离。

输入样例：

7 43

5300 5600

输出样例：

7

13

19

37

43

#####

no

#####

程序代码如下(ch08-10.c)：

```
/* ch08-10.c */
#include<stdio.h>
int isPrime(int n)
{
    int i;
    if(n==1)
        return 0;
```

```
    for(i=2;i*i<=n;i++)
    {
        if(n%i==0)
        {
            return 0;
        }
    }
    return-1;
}
int main()
{
    int f,m,n,j;
    while(scanf("%d %d", &m, &n)!=EOF)
    {
        f=0;
        for(j=m;j<=n;j++)
        {
            if(isPrime(j)&&isPrime(j+4)&&isPrime(j+10))
            {
                printf("%d\n", j);
                f=1;
            }
        }
        if(f==0)
        {
            printf("no\n");
        }
        printf("#####\n");
    }
    return 0;
}
```

8.10　习　　题

1. 阅读以下程序，写出运行结果，并上机调试。

(1)

```
void printmessage(void), printstart(void);
int main()
{   printmessage();
return 0;
}
void printmessage(void)
{    printstart();
     printf("\t* Welcome *\n");
     printstart();
}
void printstart(void)
```

```
{    printf("\t***********\n");
}
```

(2)

```
#include <stdio.h>
void prnGraph();
void prnLine();

int main()
{
    int i,j;
    putchar('\n');
    for(i=0;i<3;i++)
    {
        for(j=0;j<3;j++)
            prnGraph();
        putchar('\n');
    return 0;
    }
}
void prnGraph()
{
    putchar('*');
    prnLine();
}
void prnLine()
{
    putchar('-');
}
```

2. 若输入 3 个整数 3, 2, 1，则下列程序的输出结果是________。

```
int main()
{
    int i,n,aa[10]={0};
    scanf("%d%d%d", &n, &aa[0], &aa[1]);
    for(i=1;i<n;i++)
        sub(i, aa);
    for(i=0;i<=n;i++)
        printf("%d", aa[i]);
    printf("\n");
    return 0;
}

void sub(int n, int uu[])
{
    int t;
    t=uu[n--];
    t+=3*uu[n] ;
```

```
    n++ ;
    if(t>=10)
{
    uu[n++]=t/10 ;
    uu[n]=t%10 ;
}
else
    uu[n]=t ;
}
```

3. 以下程序输出的结果是______。

```
int main()
{
    int a=2,i,k;
    for(i=0;i<2;i++)
        k=f(a++);
    printf("%d\n", k);
    return 0;
}

f(int a)
{
    int b=0;
    static int c=3;
    a=c++, b++;
    return(a);
}
```

4. 定义一个函数，求任意两个整数的最大值。
5. 定义一个函数，求任意 n 个数的平均值。

第9章　C　指　针

本章要点

- 指针的概念及应用；
- 指针与数组之间的关系；
- 链表的特点；
- 指针与函数之间的关系。

本章难点

- 通过指针进行数组访问的方法；
- 指针作为参数在函数之间的传递。

在 IT 界普遍认为 C 语言是集自由性与简练性于一身的强大编程语言。那么它的自由性如何体现呢？其实它的这一特性大部分就是通过指针来体现的。也正因此人们认为指针是 C 语言的灵魂。有了指针我们就可以直接访问计算机的内存地址。通过指针可以直接使用指针所指的地址空间的变量或函数。指针赋予 C 语言强大的编程自由度与计算机底层控制能力。因此我们学会使用 C 语言的指针，熟练掌握指针才算进入 C 语言的灵魂世界。

本章首先介绍指针的概念，以及如何通过指针操作变量与函数，然后介绍如何通过指针创建计算机数据结构中非常重要的存储结构——链表，以及链表的使用方法。

9.1　地址和指针的概念

首先我们需要思考一个问题，那就是程序是如何在计算机中运行的？平时程序保存在计算机的外存储器中，当程序需要运行时需要将程序和数据从外存储器中加载到主存储器(内存储器)中，然后 CPU 会从主存储器中把程序指令或数据逐条取回运行。这里我们重点关注一下，程序指令或数据是如何在内存中存储的。内存中的数据必须以某种有规则组织形式存放。我们可以将内存看成以行列的形式排放的存储单元的有序集合。为了便于理解存储单元与地址的概念，我们可以将计算机内存比喻成一幢大楼，又假设大楼中的所有房间大小结构都一致。为了便于管理大楼中的众多结构大小一致的房间，我们需要给每个房间编号，通过编号我们很容易寻找辨别大楼中的每个房间。如果把计算机内存比喻成一幢大楼，那么存储单元就是大楼中的一个房间，一幢大楼由好多单个房间组成，相应地内存也是由众多内存单元构成。每一个房间都有唯一编号，内存存储单元也一样，都有自己唯一的编号，我们把内存单元的编号称为内存地址。

在计算机运行程序的过程中，计算机是通过内存的编号也就是内存地址找到数据存储的位置，从而对数据进行存取操作的。计算机程序指令从内存中存取每一条数据都需要明确指出数据存储的内存地址才可以。在机器语言程序中，凡是涉及内存数据存取操作的指令中都包含数据存储的存储地址，因此程序员写机器语言程序时必须记住每一条数据存储的具体内存地址，这将是程序员的噩梦。大家都清楚，编写程序时记忆那些单调的地址数据是多么的枯燥乏味，因此高级语言出现后为了不让程序员记忆那些难以记忆和理解的内存地址，人们发明了变量，通过容易记忆的标识符代表内存中的一个或若干个内存存储单元。这样程序员就不必记忆那些难以记忆的内存地址，而通过意义明确又容易理解的标识符就可以对数据进行存取操作。

指针概念的引入使得 C 语言跟其他编程语言相比较，更具灵活性和对系统底层的操作能力。指针包含有指示器的含义，指针就是内存地址。在 C 语言中内存地址就是指针。

9.2　指 针 变 量

首先我们看一组变量定义：

```
int x;
double y;
```

这组变量定义中定义了一个整型变量 x 和双精度浮点类型变量 y，之所以在变量 x 前面加一条 int 类型说明，就是用来说明 x 变量里只能存储 int 类型数据，同理 y 变量里面只能存储 double 类型数据。

那么上一节中提到内存的地址，C 语言中有没有一种专门用来存储内存地址的变量呢？答案是肯定的，这种用来存储内存地址的变量就是指针变量。

9.2.1　指针变量的定义

在 C 语言中规定变量使用前必须先定义，通过变量的定义说明变量所能存储的数据类型及变量在内存中所占用存储空间大小。

定义变量的一般形式为：

```
基类型 * 指针变量名;
```

下面是定义指针变量的实例：

```
int *    pointer1;
char *   pointer2;
double * pointer3;
```

在以上实例中定义了 pointer1、pointer2、pointer3 三个指针变量，三个变量的共同点就是它们都是指针变量，用于存储内存地址。虽然三个变量都是指针变量，但是三个变量又有区别，区别在于三个变量存储的是不同类型数据的地址。按说在同一个计算机系统中内存地址都是同一类型编号，应该没有什么区别的。那么 C 语言中的不同类型数据的地址为什么有区别呢？原因就是不同数据类型在内存中所占存储空间大小与数据存储格式是有区别的，为了让系统能根据不同的数据类型自动编译程序，C 语言把不同类型数据的地址区别处理。

在这里需要强调的是以上实例中变量名是 pointer1、pointer2、pointer3，并不是*pointer1、*pointer2、*pointer3，数据类型是 int *、char *、double *。

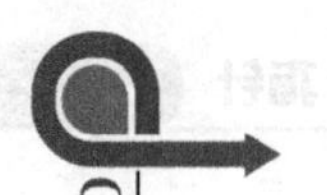

9.2.2 指针变量的引用

有了指针变量后，指针变量中我们可以存储数据在内存中的地址，这样我们通过指针变量的值也就是数据的地址可以直接访问数据。

有两个与指针相关的运算符&和*。其中&是取地址运算符，*是指针运算符。

例如：

```
int  x;
int *p;
p=&x
```

这里定义了整型变量 x 和指针变量 p，x 中可以存储 int 类型数据，p 中可以存储 int 类型数据的地址。p=&x 是将 x 变量在内存中地址赋给 p 指针变量。

请看下面的例子，我们通过这个例子可以进一步了解指针，指针变量的概念。

【例 9-1】指针和指针变量的区别举例。

程序代码如下(ch09-1.c)：

```
/* ch09-1.c */
#include <stdio.h>
int main()
{
  int a, *p;                    //定义整形变量 a 和指针变量 p
  a=100;                        //a 变量赋值 100
  p=&a;                         //将 a 变量的地址也就是 a 变量的指针赋给 p 指针变量
  printf("a=%d\n",a);           //十进制数形式输出 a 变量的值
  printf("&a=%x\n",&a);         //十六进制数形式输出 a 变量的地址，即 a 的指针
  printf("p=%x\n",p);           //十六进制数形式输出 p 变量的值，即 a 变量的地址
  printf("&p=%x\n",&p);         //十六进制数形式输出 p 指针变量的地址
  printf("*p=%d\n",*p);         //十进制数形式输出 p 指针指向的变量 a 值
    return 0;
}
```

程序运行结果：

```
a=100
&a=befa64
p=befa64
&p=befa58
*p=100
```

程序说明：

在上面例子中定义了 int 类型变量 a 和指针类型变量 p。通过 printf 函数分别输出了 a 变量的值、a 变量的地址、p 变量的值、p 变量的地址、p 指针所指存储空间的值。

a

0xbefa64: | 100 |

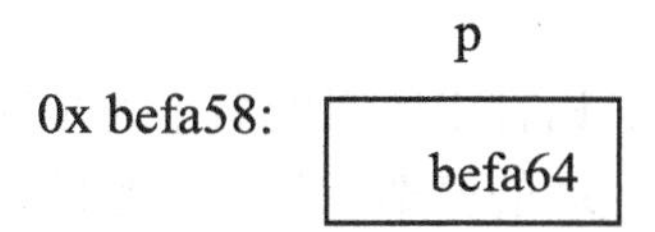

因为输出之前把 a 变量的地址赋给了指针变量 p，因此输出的 a 变量地址与 p 变量的值是相等的。也因此*p(也就是 p 指针所指存储空间的值)的值和 a 变量的值相等。其实*p 就是 a 变量，请思考一下为什么？

9.3　指针与数组

指针与数组有密切的联系，数组的名字其实就是数组在内存中所占存储空间的起始地址。因此我们可以认为数组名就是数组的指针。需要特别说明的是数组名是个常量，数组名也就是个常量指针，一旦定义了一个数组，数组的起始指针就是固定不变的常量值，直到数组销毁释放存储空间为止。

在 C 语言中同样可以将指向合法存储空间的指针变量当成数组名来使用。通过把指针变量当数组名，用数组的形式引用指针指向的存储空间的数据会变得更简便易懂。

9.3.1　指向数组元素的指针

数组中的数据元素是在内存中占用连续的存储空间，因此只要知道一个数组的第一个数据元素的内存地址，我们就可以根据这个数组数据元素的数据类型大小，能够计算出这个数组的每一个数据元素在内存中的存储地址。这样我们通过数组第一个元素的地址，也就是数组的起始地址可以访问数组的其他任何一个元素。

将数组中第一个元素的地址存储到一个指针变量中，我们就称指针指向了这个数组。

【例 9-2】指向数组元素的指针。

程序代码如下(ch09-2.c)：

```
/* ch09-2.c */
#include <stdio.h>
int main()
{
  int a[10],*p1,*p2;       //定义整形数组 a 和指针变量 p1、p2
  p1=a;                    //将 a 数组的起始地址赋给 p1 指针变量
  p2=&a[0];                //将 a[0]元素的地址赋给 p2 指针变量
  printf("a=%x\n",a);      //十六进制数形式输出 a 数组的起始地址
  printf("p1=%x\n",p1);    //十六进制数形式输出 p1 变量的值，也就是 a 数组的指针
  printf("p2=%x\n",p2);    //十六进制数形式输出 p1 变量的值，也就是 a 数组的指针
  return 0;
}
```

程序运行结果：

```
a=103f8f0
p1=103f8f0
p2=103f8f0
```

程序说明：

在程序中定义了一个整形数组 a 和指针变量 p1、p2。在 C 语言中数组的名字就是数组的起始地址也就是 a[0]元素的地址，所以输出结果中 a 和 p1、p2 的值都是数组的起始地址 103f8f0。

在这里需要特别说明的是，这个输出的地址和运行程序的操作系统环境和编译程序有关，不同系统运行结果有可能是不相同的，甚至有可能同一系统环境在不同的时间运行而得出不同的地址。因为给数组分配存储空间时，操作系统根据内存状态可能分配不同的地址空间。

9.3.2 通过指针引用数组元素

将一个数组的起始地址保存到一个指针变量后，我们可以通过这个指向数组的指针来访问数组的任一元素。

【例 9-3】通过指针引用数组元素。

程序代码如下(ch09-3.c)：

```
/* ch09-3.c */
#include <stdio.h>
int main()
{
  int a[5]={100,200,300,400,500};    //定义数组并初始化
  int *p,i;                          //定义指针变量 p
  p=a;
  for(i=0;i<5;i++)
      printf("a[%d]=%d *(p+%d)=%d\n",i,a[i],i,*(p+i));
    //使用数组下标法和指针法输出数组 a 的值
  return 0;
}
```

程序运行结果：

```
a[0]=100   *(p+0)=100
a[1]=200   *(p+1)=200
a[2]=300   *(p+2)=300
a[3]=400   *(p+3)=400
a[4]=500   *(p+4)=500
```

程序说明：在上面的例子程序中把数组 a 的起始地址赋给了指针变量 p，这样我们就可以通过指针变量 p 来访问数组 a 的任一元素。值得说明的是在此例中 a[n]和*(p+n)是等价的，等价的前提条件必须是 p 中存储了 a 数组的起始地址。

9.3.3 用数组名作函数参数

在 C 语言中数组名其实就是一个常量指针，这个常量指针的值就是数组的起始地址。因此用数组名作为函数的参数时，向函数传递的肯定是数组的起始地址。

在编写函数的时候，有时需要向函数传递多个数值或从函数返回多个值，用一般简单

变量传递数据时传递过去的数据量是非常有限的，那么我们可以通过向函数传递数组的起始地址的办法，向函数内传递过去数组起始地址后，函数可以根据数组的起始地址访问数组的所有元素，这样可以达到向函数传递多个数值或从函数返回多个数值的目的。

【例 9-4】用数组名作函数参数举例 1。

程序代码如下(ch09-4.c)：

```
/* ch09-4.c */
#include <stdio.h>
void func(int *p)
{
    int i;
    printf("func 函数\n"); //输出结果中标识 func 函数体输出开始位置
    for(i=0;i<5;i++)
        printf("%d  ",*(p+i)); //通过传递过来的数组的起始地址输出主函数中 a 数组的
元素值
        for(i=0;i<5;i++)
        *(p+i)=*(p+i)+50; //通过传递过来的数组的起始地址改变主函数 a 数组的元素值
}
int main()
{
    int a[5]={100,200,300,400,500};       //定义数组并初始化
    int i;
    func(a);                             //数组名作为函数的参数调用函数
    printf("\n 主函数\n");                //输出结果中标识出主函数输出结果的开始位置
    for(i=0;i<5;i++)
        printf("%d  ",a[i]);             //输出已经在 func 函数中被更改了的 a 数组的元素
    return 0;
}
```

程序运行结果：

```
func 函数
100  200  300  400  500
主函数
150  250  350  450—550
```

程序说明：

在以上程序中，向函数 func()传递了主函数 a 数组的起始地址，函数 func(int *p)的形式参数 p 是个指针变量。需要强调的是，在此次函数调用过程中，向函数 func(int *p)传递过去的并不是数组 a 的元素值，而是数组 a 的起始地址，也就是数组 a 的数组名作为函数调用的实参。

在 func(int *p)函数中我们通过传递过来的主函数 a 数组的地址，我们就可以通过数组 a 的地址读取或修改主函数中定义的 a 数组的元素值。也就是基于上述途径，通过向函数传递数组的地址，实现了向函数传递传入多个数据参数或从函数返回多个值的功能。

【例 9-5】用数组名作函数参数举例 2。

```
/* ch09-5.c */
#include <stdio.h>
```

```
void func(int *p)
{
    int i;
    printf("func函数\n"); //输出结果中标识func函数体输出开始位置
    for(i=0;i<5;i++)
        printf("%d  ", *(p+i)); //通过传递过来的数组的起始地址输出主函数中a数组的
元素值
    for(i=0;i<5;i++)
        p[i]=p[i]+50;       //指针变量中存储数组的地址后指针变量可以像数组名一样使用
}
int main()
{
    int a[5]={100,200,300,400,500}; //定义数组并初始化
    int i;
    func(a);                          //数组名作为函数的参数调用函数
    printf("\n主函数\n");             //输出结果中标识出主函数输出结果的开始位置
    for(i=0;i<5;i++)
    printf("%d  ", a[i]);             //输出已经在func函数中被更改了的a数组的元素
    return 0;
}
```

以上程序与之前的例子是等效程序，只是在对数组值进行访问时使用了不同的形式，但本质是一样的，也就是*(p+i)与p[i]是等效的，都是指p所指的数组的第i个元素。在主函数中引用数组a的元素时也可以使用*(a+i)这种形式表示a[i]元素，但前者会比较麻烦些。数组名和指针变量都可以用下标法表示数组的某个元素。区别在于指针变量是可以赋值的，可以根据需要随时更改指针变量的值，让指针指向不同的数组，而数组名是个常量，其值是不可修改的。

9.3.4 字符串与指针

字符串的值就是字符串的起始地址，请看下面例子。

【例 9-6】字符串与指针举例 1。

程序代码如下(ch09-6.c)：

```
/* ch09-6.c */
#include <stdio.h>
int main()
{
    printf("%x\n", "hello!");
    return 0;
}
```

程序运行结果：

```
8457b0
```

在上面的例子中程序并没有输出字符串“hello！”，而是输出了“hello！”字符串在内存中的一个十六进制的地址，这个地址就是字符串的起始地址，也是第一个字符‘h’的地址。

【例 9-7】字符串与指针举例 2。

```
#include <stdio.h>
int main()
{
    char a[10]="hello!", b[10] , c[10];
    b=a;
    c="hello!";
    printf("%s    %s    %s \n", a, b, c);
    return 0;
}
```

上面的例子程序是有问题的，之前我们曾提到，数组的名字就是一个常量指针，因此不能给数组名赋值，如果想把一个字符串复制到另一个数组中，就要使用相应的函数或程序代码来实现，使用函数来实现更方便简洁一些。可把上面的程序改写成如下形式：

```
/* ch09-7.c */
#include <stdio.h>
#include <string.h>
int main()
{
    char a[10]="hello!",b[10],c[10];
    strcpy(b,a);
    strcpy(c,"hello!");
    printf("%s    %s    %s \n",a,b,c);
    return 0;
}
```

程序运行结果：

```
hello!   hello!   hello!
```

在上面的程序中使用 strcpy 函数实现了字符串的复制功能。strcpy 函数需要两个字符串指针作为参数，前一个参数是目标字符数组的起始地址，第二个参数是源字符串起始地址。函数功能是把第二个指针参数所指存储空间的字符串全部复制到第一个指针变量所指的存储空间中。

9.3.5　链表

在程序中需要处理大量同类型数据时我们可以使用数组来存储数据，这样可以方便、迅速处理大量数据。可是使用数组有个缺点，第一，数组需要连续的存储空间，当内存存储空间碎片较多时需要对碎片进行清理整合后才可以使用较大存储空间。第二，数组的大小必须事先定义好元素个数，不能在程序运行过程中根据需要随时增减数组存储空间的大小。针对数组的这些缺陷，链表可以很好地克服利用数组存储数据的上述缺陷。

链表的原理其实比较简单，应用数据分别存储在叫作结点的存储块儿中，每一个结点中除了存储应用数据以外还要存储下一个结点的地址，如此形成一个链式存储结构。这样我们只要知道某个结点的地址，就可以通过当前这个结点，知道下个结点的地址。因此在一个链表中我们只需记住第一个结点的地址，通过第一个结点的地址我们就可以访问整个链表的所有结点。链表原理如图 9.1 所示。

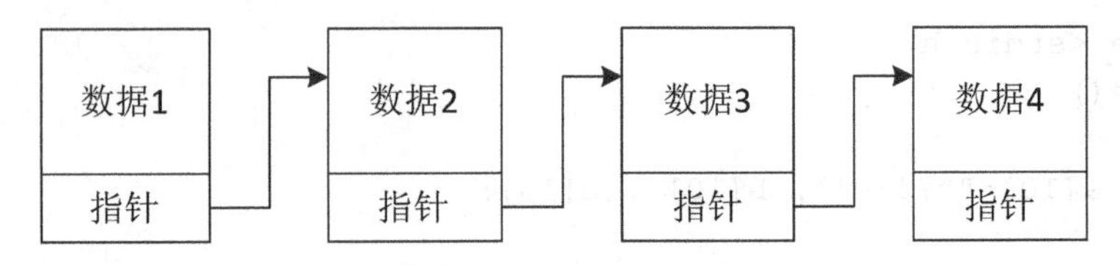

图 9.1　链表示意图

我们用一种简单的办法生成一个只有四个结点的链表来分析一下链表的一些特性与特点。看下面的例子。

【例 9-8】四个结点的链表。

程序代码如下(ch09-8.c)：

```
/* ch09-8.c */
#include <stdio.h>
struct student
{
  char name[20];                //姓名
  char sex;                     //性别
  int age;                      //年龄
  struct student *next;         //指针域，用来存储链表中下一个结点地址
};
int main()
{
    //定义四个结构体变量
    struct student a={"wang",'M',18},b={"zhang",'F',19},c={"tong",'M',19},
    d={"bai",'F',18};
    struct student *head,*p;        //定义结构体指针变量
    head=&a;                        //a 结构体指针赋给 head 指针变量
    a.next=&b;                      //将 b 结构体指针保存到 a 结构体的 next 指针域中
    b.next=&c;                      //将 c 结构体指针保存到 b 结构体的 next 指针域中
    c.next=&d;                      //将 d 结构体指针保存到 c 结构体的 next 指针域中
    d.next=0;                       //将 d 结构体指针域置空
    p=head;                         //将链表头指针赋给 p 指针变量
    //输出四个结构体变量的指针
    printf("&a=%x &b=%x  &c=%x  &d=%x\n", &a, &b, &c, &d);
    //依次输出链表中数据
    while(p!=0)          //p 等于 0 是结束循环
    {
        printf("%-12s%3c%3d ",p->name,p->sex,p->age); //输出 p 所指结构体的内容
        printf("p=%x p->next=%x\n",p,p->next);  //输出 p 变量值以及 p 所指结构体
的 next 指针域值
    p=p->next;          //将 p 指针指向链表中的下一个结点
    }
    return 0;
}
```

程序运行结果：

```
&a=1cf88c &b=1cf864  &c=1cf83c  &d=1cf814
wang        M 18 p=1cf88c p->next=1cf864
zhang        F 19 p=1cf864 p->next=1cf83c
tong         M 19 p=1cf83c p->next=1cf814
bai          F 18 p=1cf814 p->next=0
```

在上面例子中我们首先用结构体类型 struct student 定义了 a、b、c、d 四个结构体变量，然后用逐个设置指针域指针的方法将 b 结构体的指针存到 a 结构体的 next 指针域中，将 c 结构体的指针存到 b 结构体的 next 指针域中，以此类推，将 a、b、c、d 四个结构体连起来形成一个单向链表。在这一章节中如果没有进行特别说明，链表指的都是单向链表。

链表中的头一个结点称为头结点，链表中最后一个结点称为尾结点。在上面的例子中 a 结点就是链表的头结点，d 结点就是链表的尾结点。

对于一个链表来说，链表的头指针非常重要，只要我们知道链表头指针，就可以通过头指针访问链表中的所有结点。在上面的例子中将链表的头指针保存到了 head 指针变量中。一旦链表丢失头指针将造成灾难性后果，丢失头指针将无法找到链表的头结点，在链表中必须将链表最后一个结点 d 的指针域设置成空。这样才能识别出链表的尾结点。

初学者有时可能比较难以理解 p=p->next 这条语句，之所以难以理解，问题还在于没有很好理解赋值语句的含义。不要把这条语句理解成 p 等于 p->next，如果这么理解那 p=p->next 就无法解释通了。在这条语句赋值符号的右面是 p->next，这个指针就是 p 所指结点的下一个结点的指针，那就是将 p 所指结点的下一个结点地址赋给 p 指针变量，这样 p 就不再指向它原来指的结点，而重新指向下一个节点。为了便于理解这条语句，我们在例子程序的输出结果中分别输出了 p 和 p->next 两个指针变量的值。

通过上面的例子我们初步了解了链表的基本结构与特点。但是创建链表时先定义了四个结构体变量，然后将四个结构体串起来而形成了链表，这种方法虽然简单，但是没什么实用价值。考虑一下使用这种方法如果要创建一个有 1000 个结点的链表怎么办？对于这样的链表还是用这种方法，其局限性将立即显现。因此我们必须采用一种更加灵活的方法创建链表才能有很好的实用价值。

在编程技术中很多时候需要在程序的运行过程中根据需要灵活分配存储空间。C 语言提供一种内存空间分配函数，通过这个函数可以根据需要向系统灵活申请分配需要的大小的存储空间。

存储空间分配函数原型：

```
void *malloc(unsigned int num_bytes);
```

函数的返回值为 void *类型，void * 表示未确定类型的指针，void *可以指向任何类型的数据，更明确的说是指申请内存空间时还不知道用户是用这段空间来存储什么类型的数据，该数据类型是空指针类型，空指针类型是可以转换成任何其他指针类型。函数参数为无符号整型，num_bytes 的值是 malloc 函数申请内存分配存储空间的大小。

当不再使用 malloc 函数分配的存储空间时必须使用 free 函数释放存储空间，即使程序运行结束，malloc 分配的存储空间依然占用计算机的存储空间，如果这种没有释放存储空间的程序在计算机中频繁运行，将导致计算机可使用存储空间不断减少，从而影响计算机

的运行速度，严重时可能导致死机现象的发生。

存储空间释放函数原型：

```
void free(void *ptr);
```

函数的参数 ptr 指针变量指向要释放的存储空间。

有了上述两种内存分配和释放函数，我们就可以在程序的运行过程中根据需要灵活分配和释放存储空间，这种在程序运行过程动态分配存储空间的方法叫动态存储分配。下面我们使用动态存储分配函数创建链表。

【例 9-9】动态存储分配函数的使用。

程序代码如下(ch09-9.c)：

```
/* ch09-9.c */
#include <stdio.h>
#include "string.h"
#include "stdlib.h"
struct student
{
    char name[20];              //姓名
    char sex[3];                //性别
    int age;                    //年龄
    struct student *next;       //指针域，用来存储链表中下一个结点地址
};

    int main()
{
  struct student *head, *p, *tail, temp;
  p=(struct student*)malloc(sizeof(struct student)); //为头结点分配存储空间
  head=p;                  //将头结点指针保存到 head 指针变量中
  tail=p;                  //将尾结点指针指向头结点
  scanf("%s%s%d", temp.name, temp.sex, &temp.age);//将数据输入临时结构体变量 temp 中
   *p=temp;                //将 temp 结构体的数据复制到 p 指针所指的结构体中
   p->next=0;              //p 指针所指结构体指针域赋空值
   while(scanf("%s%s%d", temp.name, temp.sex, &temp.age), temp.age!=0)
                  //将数据输入到临时结构体 temp 中，temp.age 的值为 0 时结束循环
   {
      p=(struct student*)malloc(sizeof(struct student)); //为新结点分配存储空间
      *p=temp;             //将 temp 结构体的数据复制到 p 指针所指的结构体中
      p->next=0;           //p 指针所指结构体指针域赋空值
      tail->next=p;        //将新结点指针赋给链表尾结点指针域中
      tail=p;              //tail 指向链表的尾结点
   }
   p=head;                 //p 指向头结点
   while(p)                //p 指针不为空时循环
   {
      printf("%10s%3s%4d\n",p->name,p->sex,p->age); //输出 p 指针所指结构体数据
      p=p->next;           //使 p 指针指向 p 所指结点的下一个结点
   }
  return 0;
}
```

程序运行结果：

```
Zhang M 20
Wang  F 20
Li    F 19
Sun   M 19
Liu   M 18
Zhao  F 20
n    n 0
      Zhang  M  20
      Wang   F  20
         Li   F  19
        Sun  M  19
        Liu  M  18
       Zhao  F  20
```

创建链表时创建头结点的操作总是和非头结点的操作有所区别，因为头结点指针要赋给头指针变量 head，而其他结点的创建操作都是一样的，因此头结点的创建单独放在循环之前。其他非头结点的创建都是重复创建新结点，将新结点地址保存到旧链表尾结点指针域中，并将新结点的指针域赋空，使得新结点成为新链表的尾结点。

通过上面例子我们会发现，只要计算机有足够的内存，就可以一直输入学生信息，直到输入年龄为 0 的信息为止。这个程序不像之前使用数组那样在编译阶段就确定了内存空间的大小，而是在程序的运行过程中每次输入年龄不为 0 的一个学生信息时，动态分配一个学生信息的结点存储空间。这种动态分配存储空间是根据数据的需要分配存储空间，不会浪费存储空间，也不需要大量的连续空闲的存储空间等优点。

9.4 指针与函数

在 C 语言中指针可以成为函数的参数，通过使数据的指针作为函数的参数，可以向函数内部传递大量数据或从函数返回大量数据，这种地址传递只是把数据的地址传递过去，从而节省了因值传递时复制数据参数所耗费的时间。在 C 语言中指针也可以指向函数，通过指向函数的指针就可以调用函数，这在程序中使用动态链接库时经常用到。

9.4.1 指针变量作函数的参数

我们先看一段程序。

下面这个程序里的 swap 函数功能是试图完成两个整数的交换。

【例 9-10】指针变量作函数的参数举例 1。

程序代码如下(ch09-10.c)：

```
/* ch09-10.c */
#include <stdio.h>
void swap(int x, int y)
{
    int temp;
```

```
    temp=x;
    x=y;
    y=temp;
    printf("x=%d   y=%d\n",x,y);
}
int main()
{
    int a=100,b=200;
    printf("函数调用之前: a=%d   b=%d\n",a,b);
    swap(a,b);
    printf("函数调用之后: a=%d   b=%d\n",a,b);
    return 0;
}
```

以上程序的运行结果会是什么？看这个例子程序就知道这是一个很明显的函数值传递的例子，也就是函数调用之初，将实参 a 和 b 变量的值赋给形参 x 和 y 变量后，a 和 b 两个变量就和 swap 函数没有任何瓜葛了。因此在函数 swap 内部无论如何改变 x 和 y 变量的值都不会影响到主函数中 a 和 b 变量的值。

程序运行结果：

```
函数调用之前: a=100   b=200
x=200   y=100
函数调用之后: a=100   b=200
```

如果没能很好理解函数实参与形参之间的参数传递机制，就不能正确分析出上面例子程序的运行结果。以为 swap 函数的 x 和 y 变量的值被交换后也会影响主函数 a 和 b 变量的值，实则不然。我们再看看下面的例子。

【例 9-11】指针变量作函数的参数举例 2。

程序代码如下(ch09-11.c)：

```
/* ch09-11.c */
#include <stdio.h>
void swap(int *x, int *y)
{
    int temp;
   temp=*x;
    *x=*y;
    *y=temp;
   printf("x=%d   y=%d\n",*x,*y);
}

int main()
{
    int a=100,b=200;
    printf("函数调用之前: a=%d   b=%d\n",a,b);
    swap(&a, &b);
    printf("函数调用之后: a=%d   b=%d\n",a,b);
    return 0;
}
```

这个程序跟前一个例子比较，变化就在于上一个例子中调用 swap 函数中 a 和 b 变量的值，而在这个例子中传递的并不是主函数中 a 和 b 变量的值，传递的是主函数中 a 和 b 变量的地址。在函数 swap 中交换也不是 x 和 y 变量的值，而是交换了 x 和 y 指针变量所指存储空间的值，这就是函数调用中的地址传递。通过传递变量的地址的方法，我们在 swap 函数中通过主函数 a 和 b 变量的地址更改了主函数中 a 和 b 变量的值。

程序运行结果：

```
函数调用之前：a=100   b=200
x=200   y=100
函数调用之后：a=200   b=100
```

9.4.2　指向函数的指针

我们先看看一个简单例子。

【例 9-12】指向函数的指针举例 1。

程序代码如下(ch09-12.c)：

```
/* ch09-12.c */
#include <stdio.h>
int test()
{
   return 6;
}

int main()
{
   int a=1, b=2;
   printf("%x\n", test);
   return 0;
}
```

程序运行结果：

```
f011db
```

我们会觉得奇怪，输出结果为什么不是 6？原因就是调用函数 test 时没有写函数名后面的圆括号。如果在主函数中调用 test 时加上圆括号：printf("%x\n", test());这样程序的运行结果肯定是 6。那么没有写函数的圆括号，输出的结果又是什么呢？这个输出结果其实就是函数的入口地址。函数的入口地址就是函数在内存中的地址。初学者调用函数时经常忘记写函数的圆括号，有些时候即使忘记写函数的圆括号，编译运行时并不会报错，但是你忘记写函数的圆括号，就意味着你并没有去调用函数，而是引用了函数的地址，从而得不到正确的运行结果。

在 C 语言中，如果我们知道函数的地址，即使不知道函数的名字，也可以通过函数的入口地址调用此函数。我们只需要将函数的入口地址赋给一个函数指针变量，那么通过函数指针变量就可以调用这个函数。函数指针变量的一般定义形式为：

```
函数类型 (*变量名)(函数形式参数表);
```

【例 9-13】指向函数的指针举例 2。

程序代码如下(ch09-13.c):

```
/* ch09-13.c */
#include <stdio.h>
int sum(int x, int y)
{
   return x+y;
}

int main()
{
   int a=1, b=2;
   int (*fp)(int, int);
   fp=sum;
   printf("%d\n", fp(a,b));
   return 0;
}
```

程序运行结果:

```
3
```

通过上面的例子我们也可以了解到，函数的名字其实就是函数的入口地址，也就是函数的指针。

这种通过函数指针调用函数有何实际应用价值呢？在实际的应用开发过程中我们可能经常调用第三方提供的函数，第三方向你提供函数的时候出于商业秘密等诸多因素考虑，他们有时一般不会提供函数源代码，而是给你提供一个经过编译过了的函数库(比如 Windows 环境下的动态链接库 DLL 文件)。因为函数库已经编译过，函数名已经不存在，那么第三方只能告诉你函数的入口地址和函数参数列表等关键信息，这时我们只能通过指向函数的指针来调用相关的函数。

9.4.3 返回指针值的函数

在某些应用场合，我们需要函数返回某个存储空间的地址，也就是函数返回指针值。

函数返回指针值的一般形式为:

```
类型名 * 函数名(函数参数表列);
```

【例 9-14】求一个字符串右面 n 个字符组成的字符串函数。

程序代码如下(ch09-14.c):

```
/* ch09-14.c */
#include <stdio.h>
char * strright(char * s, int n);   //返回指针的函数
{
    int l=0;                        //字符串长度变量
    while(*(s+l)!='\0')             //求字符串长度
```

```
        l++;
    if(l>n)
        return s+(l-n);         //n 小于字符串长度就返回字符串右面 n 个字符串的起始地址
    else
        return s;               //n 大于等于字符串长度就返回字符串本身
}

int main()
{
    char str[]="hello world!";          //初始化一个字符串数组
    printf("%s\n",str);                 //输出字符串
    printf("%s\n",strright(str,6));     //输出字符串右面 6 个字符
    return 0;
}
```

程序运行结果：

```
hello world!
world!
```

9.4.4 指向指针的指针

指向指针的指针听起来可能比较拗口，从语义去仔细分析其实不难理解。指向指针的指针就是指针指向另一个指针。一般情况下就是说，在一个指针变量中存储了另一个指针变量的地址。

看下面的例子程序。

【例 9-15】定义结构体类型的同时定义变量并赋初值。

程序代码如下(ch09-15.c)：

```
/* ch09-15.c */
#include <stdio.h>
int main()
{
    int a,*p,**q;
    a=100;
    p=&a;
    q=&p;
    printf("&a=%x  &p=%x  &q=%x \n",&a,&p,&q);
    printf("a=%x   p=%x  *q=%x  q=%x\n",a,p,*q,q);
    printf("a=%d   *p=%d  **q=%d \n",a,*p,**q);

    return 0;
}
```

程序运行结果：

```
&a=a3f830  &p=a3f824  &q=a3f818
a=64   p=a3f830  *q=a3f830  q=a3f824
a=100   *p=100  **q=100
```

上面例子程序中定义了三个变量，其中 q 变量就是用来存储指针变量地址的指针变量。运行结果中第一行分别以十六进制形式输出了 a、p、q 三个变量在内存中的地址。第二行以十六进制的形式输出了 a、p、q 三个变量的值，还有另外多输出了一个*q 的值，其中 p 变量的值和*q 的值相等，原因是 q 变量里存储了 p 指针变量的地址，所以*q 就是 p 变量。理解了这一点我们就不难理解第三行的输出结果了，*p 和**q 都是指的 a 变量。所以第三行输出结果都是 100。

9.5 本章小结

指针是 C 语言的重要内容之一，也是学习 C 语言的重点和难点。在 C 语言中，使用指针进行数据处理十分方便、灵活和高效。指针与变量、数组、函数、结构体、链表等都有密切的联系。

本章首先介绍了指针的基本概念，指针变量的定义和使用方法。而后详细介绍了指针与数组的关系，包括：数组名与地址的关系、使用指针操作数组元素、使用指针操作字符串等。之后介绍了指针与函数之间的关系，包括：指针作为参数在函数之间的传递、数组名作为函数的参数、函数的返回值是指针类型、指向函数的指针等。

在学习本章时，要特别注意变量指针、数组指针、指针数组、指向函数的指针、函数返回指针等不同形式指针的区别。

9.6 上机实训

9.6.1 实训 1 在输入的字符串中查找有无'k'字符

1. 实训目的

练习使用字符指针变量解决字符串问题的方法。

2. 实训内容及代码实现

任务描述：
在输入的字符串中查找有无'k'字符。
输入：
输入一行字符串，其中的字符数少于 20。
输出：
一行，如果输入的字符串中有'k'字符输出 Y，否则输出 N。
输入样例：
hello
输出样例：
N
问题分析：

可以使用字符指针变量指向字符串中的字符。

程序代码如下(ch09-16.c)：

```
/* ch09-16.c */
#include<stdio.h>
int main()
{
    char st[20], *ps;
    int i;
    printf("input a string:\n");
        ps=st;
    scanf("%s", ps);
        for(i=0;ps[i]!='\0';i++)
            if(ps[i]=='k')
            {printf("Y\n");
            break;
            }
    if(ps[i]=='\0')
            printf("N\n");
        return 0;
}
```

9.6.2 实训2 将数组中的n个整数按相反顺序存放

1. 实训目的

练习使用指针作为函数的参数的方法。

2. 实训内容及代码实现

任务描述：

编写一个能够实现将数组反序存放的函数，并用该函数实现对数组 a 的反序存放。设数组 a 内容为：5,8,10,9,0,6,7,3,14,1。

输入：

无

输出：

输出原始数组及按相反顺序存放后的数组。

输出样例：

The original array:
5,8,10,9,0,6,7,3,14,1，
The array has been inverted:
1,14,3,7,6,0,9,10,8,5，

问题分析：

求解此题的算法为：将 a[0]与 a[n−1]对换，再 a[1]与 a[n−2]对换……，直到将 a[(n−1/2)]与 a[n−int((n−1)/2)]对换。用循环处理此问题，用指针变量作为数组的参数。

程序代码如下(ch09-17.c)：

```
/* ch09-17.c */
#include<stdio.h>
void inv(int *x,int n)
{
    int *p,m,temp,*I,*j;
    m=(n-1)/2;
    i=x;
    j=x+n-1;
    p=x+m;
    for(;i<=p;i++,j--)
       {
        temp=*i;
        *i=*j;
        *j=temp;
        }
}
int main()
{
    int i, arr[10]={5,8,10,9,0,6,7,3,14,1},*p;
    p=arr;
    printf("The original array:\n");
    for(i=0;i<10;i++,p++)
    printf("%d,",*p);
    printf("\n");
    p=arr;
    inv(p,10);
    printf("The array has been inverted:\n");
    for(p=arr;p<arr+10;p++)
    printf("%d,",*p);
    printf("\n");
    return 0;
}
```

9.7 习　　题

1. 比较说明 int 类型和 int *类型变量的异同点。
2. 写出下列程序的运行结果。

```
#include <stdio.h>
int main()
{
    int x=100,y=200,t;
    int *p,*q,*tp;
    p=&x;
    q=&y;
    tp=p;
```

```
    p=q;
    q=tp;
    t=*p;
    *p=*q;
    *q=t;
    printf("x=%d y=%d  t=%d\n",x,y,t);
    printf("*p=%d *q=%d *tp=%d\n",*p,*q,*tp);
    return 0;
}
```

3. 编写程序，通过建立使用链表的方法显示输出一个班级学生基本信息，每个学生基本信息记录包括：学号、姓名和该生的三门课成绩。

4. 修改下面的程序，调用 swap 函数时请使用该函数的指针来实现。

```
#include <stdio.h>
void swap(int *x,int *y)
{
    int temp;
    temp=*x;
    *x=*y;
    *y=temp;
    printf("x=%d   y=%d\n",*x, *y);
}
int main()
{
    int a=100,b=200;
    printf("函数调用之前：a=%d   b=%d\n",a,b);
    swap(&a,&b);
    printf("函数调用之后：a=%d   b=%d\n",a,b);
    return 0;
}
```

5. 在题 3 的基础上，将学生信息链表中的结点顺序改成按课程平均成绩顺序有序的链表。

第 10 章　文　　件

本章要点

- 什么是文件;
- 打开与关闭文件;
- 读写文本文件;
- 读写二进制文件;
- 举例。

本章难点

- 读写文本文件;
- 读写二进制文件。

文件是输入输出的一个重要概念。在用户进行的输入输出中，以文件为基本单位。大多数应用程序的输入都是通过文件来实现的，其输出也都保存在文件中，以便信息的长期存放以及将来的访问。当用户将文件用于应用程序的输入输出时，还希望可以访问文件、修改文件和保存文件等，以此实现对文件的维护管理。从操作系统的角度看，每一个与主机相连的外部设备都被看作是一个文件，例如，键盘是标准输入文件，显示器是标准输出文件，磁盘既是输入文件也是输出文件。在程序设计中，程序中用到的数据既可以通过键盘输入，也可以通过文件输出，程序的运行结果，既可以输出到显示器上，也可以输出到文件中。当程序处理的数据量比较大时，就要使用文件来处理。

10.1　什么是文件

文件是指按一定格式存储在外部存储器中的信息集合，文件中的数据以字节为单位存放在外部存储器(比如磁带、硬盘)上。按存储类型分，文件可分为文本文件(又叫 ASCII 码文件)和二进制文件。

10.1.1　文本文件

文本文件中每个字符对应一个字节，用于存放该字符对应的 ASCII 码，例如，对于数字 1，如果将 1 看作是字符'1'，而不是整数 1，即按文本格式来保存数据，那么保存到外部存储器中的数据是字符'1'的 ASCII 码 49，因此保存到外部存储器中的数据占 1 个字节：0011-0001。对于数字 1234，如果准备把数字 1234 按文本文件存放，该文本文件中依次存放的是'1'的 ASCII 码 49、'2'的 ASCII 码 50、'3'的 ASCII 码 51 和'4'的 ASCII 码 52，保存到外部存储器中，将占 4 个字节大小，如图 10.1(a)所示。

在计算机系统中，常见的 ASCII 码文件的扩展名有.txt、.c、.cpp、.h、.ini、.java 等，文本文件能够用记事本等文本编辑器打开。

'1'	'2'	'3'	'4'
0011 0001	0011 0010	0011 0011	0011 0100

(a) 文本文件中的 1234

00000100
11010010

(b) 整数 1234 在内存中的存放形式

10011010010

(c) 二进制文件中的 1234

图 10.1　三种不同形式下的存储图示

10.1.2　二进制文件

二进制文件是按照数据在内存中的存储形式来保存数据，数据在内存都是以二进制编码形式存储。整数 1234，其存储情况如图 10.1(b)所示。

二进制文件是将内存中的数据原样输出到文件中，因此，和文本文件不一样，不能直接用记事本打开。在计算机系统中，常见的二进制文件的扩展名有.exe、.dll、.lib、.dat、.bmp 等。

例如，以二进制形式在磁盘中存储整数 1234，则占两个字节(假设 int 型数据占 2 个字节)，其存储情况如图 10.1(c)所示。

10.2　文件指针 FILE

在 C 语言中用一个指针变量指向一个文件，这个指针称为文件指针。通过文件指针就可对它所指的文件进行各种操作。C 语言中的文件操作都是通过调用标准库函数来完成的，而且统一以文件指针的方式实现。

同普通变量一样，文件指针变量也要先定义后使用。

定义说明文件指针的一般形式为：

```
FILE *文件指针变量名;
```

其中 FILE 应为大写，它实际上是由系统定义的一个结构，该结构中含有文件名、文件状态和文件当前位置等信息。在编写源程序时不必关心 FILE 结构的细节，文件指针变量名是一个合法的标识符。

例如：

```
FILE *fp;
```

表示定义了指向 FILE 结构的指针变量 fp，通过 fp 可获取某个文件的相关信息，然后即可实施对文件的操作。习惯上也笼统地把 fp 称为指向一个文件的指针。

10.3 文件的打开与关闭

在对一个文件进行读写操作之前，要先打开这个文件，进行相关操作结束后，要关闭这个文件。打开文件，实际上是建立文件的各种有关信息，并使文件指针指向该文件，以便进行文件的读写操作。关闭文件则是断开指针与文件之间的联系，从而也就禁止对该文件的读写操作，并将数据写入文件，以避免数据丢失。C 语言提供了 fopen 函数和 fclose 函数用于打开和关闭文件。

10.3.1 文件的打开

在 C 语言中打开一个文件，需要调用 fopen 函数，该函数需要包含 stdio.h 这个头文件。fopen 函数的原型如下：

```
FILE *fopen(char *filename, char *mode)
```

其中，FILE *表示文件指针；filename 表示要打开的文件名；mode 表示打开文件的方式，即打开文件后将要进行哪些操作。该函数的主要功能是按指定方式(mode)打开文件；如果文件打开成功，则返回指向该文件的指针，否则返回空指针 NULL。

打开文件操作的一般步骤如下。

1. 声明指针变量

使用 FILE 声明指针变量。例如：

```
FILE *fp;
```

2. 打开文件

fp=fopen(文件名字，打开方式);

说明：

(1) fopen 函数返回文件的地址赋值给指针变量 fp，此时称指针 fp 指向文件。

(2) fopen 函数的第一个参数取值是一个字符串，是要进行读写操作的文件名，如果文件名前面不带路径，则默认是当前的路径，即与应用程序所在的路径相同；如果文件名前带路径，在 Windows 系统下，路径中的斜线“\”需要用双斜线“\\”表示(C 语言规定斜线“\”是转义字符)，在 Linux 系统下，用“/”表示即可。

(3) fopen 函数的第二个参数取值是一个字符串，其值决定打开方式，由多个字符组成，表示打开不同的文件类型和操作类型(具体字符在后续章节介绍)。

3. 文件打开成功与否的测试

例如下面的代码：

```
FILE *fp = NULL;
fp = fopen("test.txt","r");    //以只读方式打开当前文件夹下的 text.txt 文件
if(fp == NULL)
```

```
{
    printf("File open error !\n");
    exit(-1);           //打开文件失败，终止程序的执行并返回状态码-1
}
```

10.3.2 文件的关闭

在C语言中关闭一个文件，需要调用fclose函数，该函数需要包含stdio.h这个头文件。fclose函数的原型如下：

```
int fclose(FILE *fp)
```

其中，fp是文件指针。该函数的主要功能是关闭fp指针所指向的文件。如果正常关闭，则返回0；否则返回非0。注意，用fclose函数关闭的文件一定是已经打开的文件，针对上面打开文件的工作后，关闭文件的方法如下：

```
fclose(fp);
```

10.4 文本文件的读写操作

在操作系统中，读文件操作(简称读操作)是将数据从磁盘文件中读取出来，写文件操作(简称写操作)是将数据写到磁盘文件中。当需要以文本方式读写文件时，必须按文本方式打开要读写的文件。C语言提供了用于读写文本文件的函数有：字符读写函数(fgetc、fputc)、字符串读写函数(fgets、fputs)和格式化读写函数(fscanf、fprintf)。下面就详细介绍以文本方式进行文件操作的具体方法。

10.4.1 按文本方式打开文件

按文本方式读写文件时必须按文本方式打开要读写的文件。主要步骤如下。

(1) 使用FILE声明指针变量：

```
FILE *fp;
```

(2) 调用fopen函数打开文件：

```
fp=fopen(文件名字，打开方式);
```

常用打开方式的字符串和含义如下。

① "r"：以只读方式打开文件。

② "w"：以只写方式打开文件。

③ "a"：以追加方式打开一个已经存在的文件，不能从文件读数据。如果文件不存在，则创建这个文件。

④ "r+"：以读/写方式打开文件，相当于"r"与"w"方式的结合。

⑤ "w+"：以读/写方式创建一个新文件，相当于"r"与"w"方式的结合，如果文件已经存在，则覆盖原文件。

⑥ "a+"：以追加方式打开文件，可以读和写(尾部增加)文件，如果文件不存在，则创建这个文件。

说明：在实际使用过程中，也有在打开方式的字母后面添加小写字母 t，即"rt"的形式，表示的含义和"r"是一样的，在这里我们都省略了 t。

例如：

```
FILE *fp ;
char *p = NULL;
fp = fopen("score.txt","r");      //以只读方式打开当前文件夹下的 score.txt 文件
fp = fopen("c:\\ch10\\score.txt","r+");  //以读写方式打开指定文件夹下的一个文件
char *p = "c:\\ch10\\ score.txt ";       //定义一字符串变量 p
fp = fopen(p,"a+");                      //以追加方式打开指定文件夹下的文件
```

10.4.2 按文本方式读文件

在对文本文件进行操作时，如果是以只读("r")或者读写方式("r+")打开文件成功后，就可以使用 fgetc、fgets、fscanf 等函数进行文件的读操作。例如：

```
FILE *p;
p=fopen(文件名字, "r" );          //或 p=fopen(文件名字, "r+" );
```

下面具体介绍一下 fgetc、fgets、fscanf 三个函数的用法。

1. fgetc 函数的使用——字符的读取

fgetc 函数原型如下：

```
int  fgetc(FILE *fp);
```

其中，fp 是文件指针。该函数的主要功能是从 fp 文件的当前位置读出一个字符(一般保存到一个字符型变量中)，同时将文件的位置指针后移一个字符。如果读取成功，则返回读取的字节值；如果读到文件尾或出错，则返回 EOF。

【例 10-1】fgetc 函数的使用。

程序代码如下(ch10-1.c)：

```
/* ch10-1.c */
#include <stdio.h>
int main()
{
   FILE *fp;
   char ch;
   fp=fopen("score.txt", "r");    //以只读的方式打开文件，并用 fp 指向它
   if(fp ==NULL)
{
   printf("打开文件错误，可能要打开的文件不存在");
      exit(-1);
}
else
{
```

```
  ch=fgetc(fp);       //使用 fgetc 函数读取 fp 文件中的一个字符
  while(ch!=EOF)      //EOF 用来判断文件是否读已经到文件尾
{
   printf("%c", ch);
   ch=fgetc(fp);      //继续读取下一个字符
}
   fclose(fp);          //关闭文件
}
return 0;
}
```

score.txt 文件的内容为：

```
2014001  John   90   97   95
2014002  Marry  85   90   98
2014003  Alice   88   93   91
```

程序运行后的输出结果：

```
2014001  John   90   97   95
2014002  Marry  85   90   98
2014003  Alice   88   93   91
```

说明：该程序通过 fgetc 函数读取 score.txt 文件中的信息，并显示输出到屏幕上。

2. fgets 函数的使用——字符串的读取

fgets 函数原型如下：

```
char  *fgets(char *str, int n, FILE *fp);
```

其中，str 既可以是字符数组也可以是字符串指针，用来存储读出的字符串；n 表示字符串的长度，这个长度包括终结符'\n'，因此，读出的字符个数是 n-1。如果在读取过程中遇到换行符'\n'，则返回换行符之前的字符串，此时读出的字符个数不一定是 n-1。fp 是文件指针。

该函数的主要功能是从 fp 指向的当前位置读取长度为 n-1 的字符串，在末尾加上字符串终结符'\0'后存入 str 所指内存单元中，同时将文件的位置指针后移 n-1 个字节。

该函数的返回值：如果读取成功，则返回指向字符串的指针；如果读到文件尾或出错，则返回 NULL。

【例 10-2】fgets 函数的使用。

程序代码如下(ch10-2.c)：

```
/* ch10-2.c */
#include <stdio.h>
int main()
{
   FILE *fp;
   char str[80];
   fp=fopen("love.txt", "r");     //以只读的方式打开文件，并用 fp 指向它
   if(fp == NULL)
```

```
    {
        printf("打开文件错误, 要打开的文件可能不存在");
        exit(-1);
    }
    else
    {
        //使用 fgetS 函数读取 fp 文件中的一个字符串
        while(fgets(str,20,fp)!=NULL)  //NULL 判断文件是否已经读到文件尾
        {
            printf("%s", str);
        }
        fclose(fp);        //关闭文件
    }
    return 0;
}
```

love.txt 文件的内容为：

```
I love you!
I have a dream! China Dream!
```

该程序的运行结果如下：

```
I love you!
I have a dream! China Dream!
```

说明：该程序通过 fgets 函数读取 love.txt 文件中的信息，并显示输出到屏幕上。

3. fscanf 函数的使用——格式化数据的读取

以格式化方式进行文件的读操作就是可以从文件中读出某种指定格式的数据。

fscanf 函数的原型如下：

```
int fscanf(FILE *fp, char *format[,address, …]);
```

其中，fp 是文件指针；format 是格式控制，与 scanf 函数的格式控制相同；address 是输入列表，一般是变量的地址。

该函数的功能是从 fp 所指向的文件的当前位置按 format 格式读取数据并保存在输入列表的变量中。

该函数的返回值：如果读取成功，则返回读取的数据个数；如果读到文件尾或出错，则返回 EOF。

【例 10-3】 fscanf 函数的使用。

程序代码如下(ch10-3.c)：

```
/* ch10-3.c */
#include <stdio.h>
int main()
{
    FILE *fp;
    char str[80];
```

```
    int n;
    float weight;
    fp=fopen("format.txt", "r");    //以只读的方式打开文件，并用 fp 指向它
    if(fp ==NULL)
    {
        printf("打开文件错误，要打开的文件可能不存在");
        return -1;
    }
    else
    {
        //使用 fscanf 函数读取 fp 文件中的格式化字符串
        while(fscanf(fp,"%s %d,%f",str,&n,&weight)!=EOF)
        //NULL 用来判断文件是否已经读到文件尾
        {
            printf("%s %d %.2f\n",str,n,weight);
        }
        fclose(fp);         //关闭文件
    }
    return 0;
}
```

format.txt 文件的内容为：

```
Zhangsan 20,65.0
Lisi 21,60.5
Wangwu 19,58.5
```

该程序的运行结果如下：

```
Zhangsan 20 65.0
Lisi 21 60.5
Wangwu 19 58.5
```

说明：该程序通过 fscanf 函数读取 love.txt 文件中的信息，并显示输出到屏幕上。

10.4.3　按文本方式写文件

在对文本文件进行操作时，如果是以只写("w")、读写方式("w+")或者追加方式("a")、读写方式("a+")打开文件成功后，就可以使用 fputc、fputs、fprintf 等函数进行文件的写操作。例如：

```
FILE *fp;
fp=fopen(文件名字,"w" );           //或 p=fopen(文件名字, "w+" );
```

下面具体介绍一下 fputc、fputs、fprintf 三个函数的用法。

1. fputc 函数的使用——字符的写入

fputc 函数的原型如下：

```
int fputc(int c, FILE *fp) ;
```

该函数的功能是向 fp 所指向文件的当前位置写入一个 ASCII 码为 c 的字符，同时将文件的位置指针指向一个字节。

该函数的返回值：如果写入成功，则返回写入的字节值；否则返回 EOF。

【例 10-4】 fputc 函数的使用。

程序代码如下(ch10-4.c)：

```
/* ch10-4.c */
#include <stdio.h>
int main()
{
   FILE *fp1, *fp2;
   char ch;
   fp1=fopen("score.txt","r");    //以只读的方式打开文件，并用 fp 指向它
   fp2=fopen("score-result.txt","w");
   if(fp1==NULL)
  {
   printf("打开文件错误，可能要打开的文件不存在");
      exit(-1);
  }
   else
   {
      ch=fgetc(fp1);       //使用 fgetc 函数读取 fp 文件中的一个字符
      while(ch!=EOF)       //EOF 用来判断文件是否已经读到文件尾
   {
      printf("%c",ch);
      fputc(ch,fp2);  //把 ch 变量的内容写到 fp2 指向的文件 score-result.txt 中
      ch=fgetc(fp1);  //继续读取下一个字符
   }
      fclose(fp1);         //关闭文件
      fclose(fp2);
   }
   return 0;
}
```

程序运行后，score-result.txt 文件的内容是：

```
2014001  John   90   97   95
2014002  Marry  85   90   98
2014003  Alice   88   93   91
```

说明：该程序通过调用 fgetc 函数读取 score.txt 文件中的信息，并显示输出到屏幕上，同时调用 fputc 函数，把结果写到 score-result.txt 文件中。

2. fputs 函数的使用——字符串的写入

```
int fputs(char *str, FILE *fp);
```

函数的基本功能是向 fp 指向的文件的当前位置写入字符串 str，同时将文件的位置指针向后移动字符串长度个字节。

函数的返回值：如果写入成功，则返回最后写入的字节值；否则返回 EOF。

【例 10-5】 fputs 函数的使用。

程序代码如下(ch10-5.c)：

```
/* ch10-5.c */
#include <stdio.h>
int main()
{
    FILE *fp1,*fp2;
    char str[80];
    fp1=fopen("love.txt","r");    //以只读的方式打开文件，并用 fp 指向它
    fp2=fopen("love-result.txt","w");
    if(fp1==NULL)
    {
        printf("打开文件错误，要打开的文件可能不存在");
        exit(-1);
    }
    else
    {
        //使用 fgetS 函数读取 fp 文件中的一个字符串
        while(fgets(str,20,fp1)!=NULL)   //NULL 判断文件是否读已经到文件尾
        {
            printf("%s",str);
            fputs(str,fp2);
        }

        fclose(fp1);        //关闭文件 love.txt
        fclose(fp2);        //关闭文件 love-result.txt
    }
    return 0;
}
```

程序运行后，love-result.txt 文件的内容是：

```
I love you!
I have a dream! China Dream!
```

说明：该程序通过调用 fgets 函数读取了 love.txt 文件中的信息，并显示输出到屏幕上，然后通过调用 fputs 函数，把读取的内容写入 love-result.txt 文件中。

3. fprintf 函数的使用——格式化数据的写入

fprintfs 函数的原型如下：

```
int fprintf(FILE *fp,char *format[,address, …]);
```

其中，format 是格式串，与 printf 的格式串相同；address 是输出列表，与 printf 的输出列表相同。

该函数的功能是将输出列表中的数据按照指定格式写入文件 fp 指向的当前的读写位置。

该函数的返回值：如果写入成功，则返回写入的字节数；否则返回 EOF。

【例 10-6】fprintf 函数的使用。

程序代码如下(ch10-6.c):

```
/* ch10-6.c */
#include <stdio.h>
int main()
{
    FILE *fp1,*fp2;
    char str[80];
    int n;
    float weight;
    fp1=fopen("format.txt","r");     //以只读的方式打开文件，并用 fp 指向它
    fp2=fopen("format-result.txt","w");
    if(fp1 ==NULL)
    {
        printf("打开文件错误，要打开的文件可能不存在");
        return -1;
    }
    else
    {
        //使用 fscanf 函数读取 fp 文件中的格式化字符串
        while(fscanf(fp1,"%s %d,%f",str,&n,&weight)!=EOF)
        //NULL 用来判断文件是否已经读到文件尾
        {
            printf("%s %d %.2f\n",str,n,weight);
            fprintf(fp2,"%s,%d,%.2f\n",str,n,weight);
            //写入 fp2 所指向的文件：format-result.txt 中
        }
        fclose(fp1);         //关闭文件
        fclose(fp2);
    }
    return 0;
}
```

程序运行后，format-result.txt 文件的内容是：

```
Zhangsan,20,65.00
Lisi,21,60.50
Wangwu,19,58.50
```

说明：该程序通过调用 fscanf 函数读取了 format.txt 文件中的信息，并显示输出到屏幕上，然后通过调用 fprintf 函数，把读取的内容写入 format-result.txt 文件中。

10.5 读写二进制文件

当需要以二进制方式读写文件时，必须以二进制打开要读写的文件。对二进制文件进行读写操作，通常以字节为单位。

10.5.1　按二进制方式打开文件

按二进制方式读写文件时必须以二进制方式打开要读写的文件，与读写文本文件的不同是在读写文本文件的打开方式的字符串后面，添加了一个小写字母 b。主要步骤如下。

(1) 使用 FILE 声明指针变量：

```
FILE *fp;
```

(2) 调用 fopen 函数打开文件：

```
fp=fopen(文件名字, 打开方式);
```

常用打开方式的字符串和含义如下。

① "rb"：以只读方式打开文件。

② "wb"：以只写方式打开文件。

③ "ab"：以尾部追加的方式打开文件，向二进制尾部追加数据，不能从文件读数据。

④ "rb+"：以读/写方式打开文件，相当于"rb"与"wb"方式的结合。

⑤ "wb+"：以读/写方式打开文件，为读写建立一个新的二进制文件，如果文件已经存在，则删除当前内容。

⑥ "ab+"：以尾部追加的方式打开文件，如果文件存在，可以读写；如果文件不存在，则创建这个文件。

例如：

```
FILE *fp;
char *p = NULL;
fp = fopen("score.dat","rb");   //以只读方式打开当前文件夹下的 score.dat 二进制文件
fp = fopen("c:\\ch10\\score.dat","rb+"); //以读写方式打开指定文件夹下的一个文件
char *p = "c:\\ch10\\ score.dat ";         //定义一字符串变量 p
fp = fopen(p,"ab+");                       //以追加方式打开指定文件夹下的文件
```

10.5.2　按二进制方式读写文件

对二进制文件进行读写的常用函数有 fread 和 fwrite，下面就详细介绍这两个函数的使用方法。

1. fread 函数

fread 函数的原型如下：

```
unsigned fread(void *ptr,unsigned size,unsigned n,FILE *fp);
```

其中，ptr 是通用指针，指向内存中的某个起始地址，也就是数据存储位置；size 表示数据的大小(以字节为单位)，也就是数据所占字节数；n 表示读出数据的个数；fp 是文件指针，也就是从 fp 所指向的文件里读数据。

该函数的功能：从 fp 所指向的文件的当前位置读出 n 个数据，每个数据的大小是 size 个字节，并将读出的数据存放在 ptr 所指向的内存单元中，同时，将文件的位置指针向后移

动 n*size 个字节。

该函数的返回值：若操作成功，则返回读出的数据个数；否则返回 0。

2. fwrite 函数

fwrite 函数的原型如下：

```
unsigned fwite(void *ptr,unsigned size,unsigned n,FILE *fp);
```

其中，ptr 是通用指针，指向内存中的某个起始地址，也就是数据的存储位置；size 表示数据的大小(以字节为单位)，也就是数据所占字节数；fp 是文件指针，也就是从 fp 所指向的文件里读数据。

该函数的功能：将 ptr 所指内存的 n 个大小为 size 个字节的数据写入 fp 所指向的文件的当前位置，同时，将文件的位置指针向后移动 n*size 个字节。

该函数的返回值：若操作成功，则返回写入数据的个数；否则返回 0。

【例 10-7】利用二进制文件读写的方法实现：从键盘输入 n 个学生的基本信息保存到名字为 student.dat 的二进制文件中，然后读取 student.dat。

程序代码如下(ch10-7.c)：

```
/* ch10-7.c */
#include <stdio.h>
#define N 3 //学生的数量
typedef
struct {
    char name[20];
    int age;
    char address[50];
    int score;
} student;
void saveToFile(student [],char *);      //函数声明，向文件写入数据
void ReadToFile(char *);                 //函数声明，从文件读出数据
int main(){
    int i;
    student students[N];
    char fileName[]="student.dat";
    for(i=0;i<N;i++){
        printf("输入第%d个学生的姓名:",i+1);
        gets(students[i].name);
        printf("输入第%d个学生的年龄:",i+1);
        scanf("%d",&students[i].age);
        printf("输入第%d个学生的住址:",i+1);
        scanf("%s",students[i].address);
        printf("输入第%d个学生的成绩:",i+1);
        scanf("%d",&students[i].score);
        getchar();        //用来吃掉输入成绩时的回车，否则影响下一个学生的姓名输入
  }
    saveToFile(students,fileName);
    printf("文件%s中保存的学生的基本信息:\n",fileName);
```

```
    ReadToFile(fileName);
}
void saveToFile(student students[], char *fileName){
    FILE *p;
    int i;
    p=fopen(fileName,"wb+");
    for(i=0;i<N;i++){
        fwrite(&students[i],sizeof(student),1,p);
    }
    fclose(p);
}
void ReadToFile(char * fileName){
    FILE *p;
    int i;
    student students[N];
    p=fopen(fileName,"rb+");
    for(i=0;i<N;i++){
        fread(&students[i],sizeof(student),1,p);
    }
    for(i=0;i<N;i++){
        printf("姓名:%s, 年龄: %d, 住址:%s, 成绩: %d\n",
        students[i].name,students[i].age,students[i].address,students[i].score);
    }
        fclose(p);
}
```

图 10.8 二进制读写文件方式处理学生基本信息

假如运行过程中输入的信息为：

```
Zhangsan 20 1#Building-201 90
Lisi     21 1#Building-202 89
Wangwu   19 1#Building-201 91
```

则程序输出结果如下：

```
文件 student.dat 中保存的学生的基本信息：
姓名: Zhangsan, 年龄: 20, 住址: 1#Building-201, 成绩: 90
姓名: Lisi, 年龄: 21, 年龄: 1#Building-202, 成绩: 89
姓名: Wangwu, 年龄: 19, 住址: 1#Building-201, 成绩: 91
```

10.6 文件的随机读写

前面介绍的对文件的读写方式都是顺序读写，即读写文件只能从头开始，顺序读写各个数据。但在实际问题中经常要求只读写文件中指定的一部分数据。为了解决这个问题，就要先移动文件内部的位置指针到指定读写的位置后，再进行读写，这种读写文件方式称为随机读写。

实现随机读写的关键是要按要求移动位置指针，这称为文件的定位。

10.7 文件定位函数

由于实现文件随机读写的关键是文件的定位，也就是需要移动文件内部位置指针，因此，下面着重介绍能实现移动文件内部位置指针的函数，主要有 rewind 函数和 fseek 函数。

1. rewind 函数

rewind 函数的原型如下：

```
void rewind(FILE *fp);
```

其中，fp 是文件指针。

该函数的功能：将文件内部的位置指针移动到 fp 所指向的文件的开始。

该函数的返回值：无。

2. fseek 函数

fseek 函数的原型如下：

```
int fseek(FILE *fp,long offset,int start);
```

其中：fp 是文件指针，指向被移动的文件；offset 是偏移量，表示移动的字节数，要求偏移量是 long 型数据，以便在文件长度大于 64KB 时不会出错，当用常量表示位移量时，要求加后缀“L”，正数表示正向偏移，负数表示负向偏移；start 是起始点，表示从文件的哪里开始偏移，可能取值为：SEEK_SET(文件开头)、SEEK_CUR(当前位置)或 SEEK_END(文件结尾)，SEEK_SET，SEEK_CUR 和 SEEK_END 也可以依次用 0，1 和 2 表示。

该函数的功能：fseek 函数用来移动文件内部位置指针。

该函数的返回值：无。

例如：

fseek(fp,100L,SEEK_SET)或 fseek(fp,100L,0);把文件内部位置指针移动到离文件开头 100 字节处；

fseek(fp,100L,SEEK_CUR)或 fseek(fp,100L,1);把文件内部位置指针移动到离文件当前位置 100 字节处；

fseek(fp,-100L,SEEK_END)或 fseek(fp,-100L,2);把文件内部指针退回到离文件结尾 100 字节处。

【例 10-8】利用文件的随机读写方法，从例 10-7(程序 ch10-7.c)生成的数据文件 student.data 中，读取第二个学生的信息，并显示在屏幕上。

程序代码如下(ch10-8.c)。

```
/* ch10-8.c */

#include<stdio.h>
typedef
struct {
```

```
    char name[20];
    int age ;
    char address[50];
    int score;
} student;
student anyStu,*pstu;
int main()
{
    FILE *fp;
    int i=1;
    pstu=&anyStu;
    if((fp=fopen("student.dat","rb"))==NULL)
    {
        printf("打开文件失败，按任意键退出…");
        getch();
        exit(1);
    }
    rewind(fp);
    fseek(fp,i*sizeof(student),0);
    fread(pstu,sizeof(student),1,fp);
    printf("姓名\t 年龄      住址                成绩：\n");
    printf("%s\t%3d      %s %5d\n",pstu->name,pstu->age,pstu->address,
          pstu->score);

    return 0;
}
```

数据文件 student.dat 是由例 10-7 的程序(ch10-7.c)建立的，本程序的目的是用随机读取的方法读出第二个学生的数据。程序中定义 anyStu 为 student 类型的变量，pstu 为指向 anyStu 的指针。本程序以读二进制文件方式打开文件，语句 rewind(fp)用来把文件位置指针定位到程序开头，fseek(fp，i*sizeof(student)，0)移动文件位置指针，其中的 i 值为 1，表示从文件头开始，移动一个 student 类型的长度，然后再读出的数据即为第二个学生的数据。

程序的运行结果如下：

```
姓名      年龄      住址                成绩：
Lisi      21      1#Building-202       89
```

10.8 本 章 小 结

本章主要介绍了 C 语言中对文件的基本操作。

首先介绍了文件的概念。文件分为文本文件和二进制文件。文本文件存放数据的特点是存放字符的 ASCII 码值，因此文本文件也称作 ASCII 文件。二进制文件存储数据的特点是以数据在内存中的存储形式来保存数据。

然后说明了文件操作的基本步骤。读写文件之前必须要打开文件。基本步骤是：首先声明 FILE 指针变量，然后调用 fopen 函数打开文件，并将 fopen 函数返回的文件的地址存

放到 FILE 指针变量中。

接着介绍了操作两类文件的常用函数。读写文本文件通常使用 fgetc、fgets、fputc 和 fputs 函数。读写二进制文件通常使用 fread 和 fwrite 函数，并举例说明了每个函数的用法。

最后介绍了随机读写文件的常用函数。主要介绍了 rewind 函数和 fseek 函数，并通过实例说明了两个函数的基本用法，一般这两个函数经常和 fread 函数与 fwrite 函数一起使用，用来读取二进制文件。

10.9 上机实训

实训 模拟实现操作系统的文件复制功能

1. 实训目的

熟练掌握文件的读取和写入操作。

2. 实训内容及代码实现

任务描述：

写一个程序，实现操作系统中的文件复制功能。利用 C 语言的文件操作函数，将文件 file1 的内容读取出来，并写入 file2 里。

输入：

file1 文件

输出：

file2 文件

输入样例：

输出样例：

问题分析：使用 C 语言中的 fopen 函数以只读方式打开 file1，以只写方式打开 file2；再用 fgetc 函数从 file1 中读取数据，并用 fputc 函数写入 file2 中。

程序代码如下(ch10-9.c)：

```
/* ch10-9.c */
#include <stdio.h>
#include <stdlib.h>

 void Copy(char file1[ ],char file2[ ]);

 int main( )
 {
   char file1[30],file2[30];
   printf("请输入要复制的源文件：");
   scanf("%s",file1);
   printf("请输入要复制的目的文件：");
   scanf("%s",file2);
   Copy(file1,file2);
   return 0;
```

```
 }
 void Copy(char file1[ ],char file2[ ])
 {
   char ch;
   FILE *fpSource,*fpTarget;
   fpSource = fopen(file1,"r");
   fpTarget = fopen(file2,"w");
   while(!feof(fpSource))
   {
     ch = fgetc(fpSource);
     fputc(ch, fpTarget);
   }
  fclose(fpSource);
  fclose(fpTarget);
  printf("文件 copy 成功!\n");
  return;
}
```

10.10 习　　题

1. Windows 下打开 C 盘下 cpp 文件夹里的文件名为 student.txt 的文件进行读写操作，下面满足要求的函数调用是(　　)。

   A. fopen("c:\cpp\student.txt","r");

   B. fopen("c:\\cpp\\student.txt","r+");

   C. fopen("c:\cpp\student.txt","rb");

   D. fopen("c:\cpp\student.txt","w+");

2. 若 fp 是指向某文件的指针，且已到文件末尾，则库函数 feof(fp)的返回值是(　　)。

   A. EOF　　B. -1　　C. 非 0 值　　D. NULL

3. 以下程序执行后，文件 test.txt 的内容是(　　)。

```
#include<stdio.h>
#include<string.h>
void fun(char *fName,char *str)
{
    FILE *fp;
    int i;
    fp = fopen(fName,"w");
    for(i = 0; i < strlen(str);i++)
        fputc(str[i],fp);
    fclose(fp);
}

int main()
{
    fun("test.txt","Hello, ");
    fun("test.txt","world!");
```

```
    return 0;
}
```

A. Hello　　　B. Hello，World!　　　C. World!　　　D. Hello，

4. 文件指针的作用是什么？文件位置指针的作用是什么？二者有什么区别？
5. 在对文件进行操作时，为什么要打开和关闭文件？

附录 A　ASCII 码表

信息在计算机上是用二进制表示的，这种表示法让人理解就很困难。因此计算机上都配有输入和输出设备，这些设备的主要目的就是以一种人类可以方便阅读的形式将信息在这些设备上显示出来供人阅读。为保证人类与设备、设备与计算机之间能进行正确的信息交换，人们编制了统一的信息交换代码，ASCII 码就是其中一种，它的全称是 American Standard Code for Information Interchange(美国国家信息交换标准代码)。

ASCII 码是一种使用 7 个或 8 个二进制位进行编码的方案，最多可以给 256 个字符(包括字母、数字、标点符号、控制字符及其他符号)分配(或指定)数值。ASCII 码于 1968 年提出，用于在不同计算机硬件和软件系统中实现数据传输标准化，在大多数的小型机和全部的个人计算机都使用此码。

因为 1 位二进制数可以表示 2(2^1)种状态：0、1；而 2 位二进制数可以表示 4(2^2)种状态：00、01、10、11；依次类推，7 位二进制数可以表示 128(2^7)种状态，每种状态都唯一地编为一个 7 位的二进制码，对应一个字符(或控制码)，这些码可以排列成一个十进制序号 0～127。所以，7 位 ASCII 码是用七位二进制数进行编码的，可以表示 128 个字符。

第 0～32 号及第 127 号(共 34 个)是控制字符或通信专用字符，如控制符：LF(换行)、CR(回车)、FF(换页)、DEL(删除)、BEL(振铃)等；通信专用字符：SOH(文头)、EOT(文尾)、ACK(确认)等。

第 33～126 号(共 94 个)是字符，其中第 48～57 号为 0～9 十个阿拉伯数字；65～90 号为 26 个大写英文字母；97～122 号为 26 个小写英文字母。其余为一些标点符号、运算符号等。

Oct	Hx	Dec	Char	Oct	Hx	Dec	Char
00	00	0	nul	100	40	64	@
01	01	1	soh	101	41	65	A
02	02	2	stx	102	42	66	B
03	03	3	etx	103	43	67	C
04	04	4	eot	104	44	68	D
05	05	5	enq	105	45	69	E
06	06	6	ack	106	46	70	F
07	07	7	bel	107	47	71	G
10	08	8	bs	110	48	72	H
11	09	9	ht	111	49	73	I
12	0a	10	nl	112	4a	74	J
13	0b	11	vt	113	4b	75	K
14	0c	12	ff	114	4c	76	L
15	0d	13	er	115	4d	77	M

续表

Oct	Hx	Dec	Char	Oct	Hx	Dec	Char
16	0e	14	so	116	4e	78	N
17	0f	15	si	117	4f	79	O
20	10	16	dle	120	50	80	P
21	11	17	dc1	121	51	81	Q
22	12	18	dc2	122	52	82	R
23	13	19	dc3	123	53	83	S
24	14	20	dc4	124	54	84	T
25	15	21	nak	125	55	85	U
26	16	22	syn	126	56	86	V
27	17	23	etb	127	57	87	W
30	18	24	can	130	58	88	X
31	19	25	em	131	59	89	Y
32	1a	26	sub	132	5a	90	Z
33	1b	27	esc	133	5b	91	[
34	1c	28	fs	134	5c	92	\
35	1d	29	gs	135	5d	93	]
36	1e	30	re	136	5e	94	^
37	1f	31	us	137	5f	95	_
40	20	32	sp	140	60	96	'
41	21	33	!	141	61	97	a
42	22	34	"	142	62	98	b
43	23	35	#	143	63	99	c
44	24	36	$	144	64	100	d
45	25	37	%	145	65	101	e
46	26	38	&	146	66	102	f
47	27	39	`	147	67	103	g
50	28	40	(	150	68	104	h
51	29	41	)	151	69	105	i
52	2a	42	*	152	6a	106	j
53	2b	43	+	153	6b	107	k
54	2c	44	,	154	6c	108	l
55	2d	45	−	155	6d	109	m
56	2e	46	.	156	6e	110	n
57	2f	47	/	157	6f	111	o
60	30	48	0	160	70	112	p
61	31	49	1	161	71	113	q

续表

Oct	Hx	Dec	Char	Oct	Hx	Dec	Char
62	32	50	2	162	72	114	r
63	33	51	3	163	73	115	s
64	34	52	4	164	74	116	t
65	35	53	5	165	75	117	u
66	36	54	6	166	76	118	v
67	37	55	7	167	77	119	w
70	38	56	8	170	78	120	x
71	39	57	9	171	79	121	y
72	3a	58	:	172	7a	122	z
73	3b	59	;	173	7b	123	{
74	3c	60	<	174	7c	124	|
75	3d	61	=	175	7d	125	}
76	3e	62	>	176	7e	126	~
77	3f	63	?	177	7f	127	del

附录B　C语言关键字

C 语言一共有 32 个关键字，如下表所示：

关 键 字	说 明
auto	声明自动变量
short	声明短整型变量或函数
int	声明整型变量或函数
long	声明长整型变量或函数
float	声明浮点型变量或函数
double	声明双精度变量或函数
char	声明字符型变量或函数
struct	声明结构体变量或函数
union	声明共用数据类型
enum	声明枚举类型
typedef	用以给数据类型取别名
const	声明只读变量
unsigned	声明无符号类型变量或函数
signed	声明有符号类型变量或函数
extern	声明变量是在其他文件正声明
register	声明寄存器变量
static	声明静态变量
volatile	说明变量在程序执行中可被隐含地改变
void	声明函数无返回值或无参数，声明无类型指针
if	条件语句
else	条件语句否定分支(与 if 连用)
switch	用于开关语句
case	开关语句分支
for	一种循环语句
do	循环语句的循环体
while	循环语句的循环条件
goto	无条件跳转语句
continue	结束当前循环，开始下一轮循环
break	跳出当前循环
default	开关语句中的“其他”分支
sizeof	计算数据类型长度
return	子程序返回语句(可以带参数，也可不带参数)循环条件

附录 C　部分标准 C 库函数

标准 C 语言伴随有大量的库函数，这些函数可以完成不同的任务。ANSI 委员会对包含这些库函数头文件进行了标准化，给出了库函数和头文件的标准化定义。有关库函数的完整说明，请读者参考所使用 C 语言版本的使用手册。

1. 数学函数(头文件 math.h)

函数原型说明	功　能	说　明
int abs(int x)	求整数 x 的绝对值	
double fabs(double x)	求双精度实数 x 的绝对值	
double acos(double x)	计算 $\cos^{-1}(x)$的值	x 在-1～1 范围内
double asin(double x)	计算 $\sin^{-1}(x)$的值	x 在-1～1 范围内
double atan(double x)	计算 $\tan^{-1}(x)$的值	
double atan2(double x)	计算 $\tan^{-1}(x/y)$的值	
double cos(double x)	计算 cos(x)的值	x 的单位为弧度
double cosh(double x)	计算双曲余弦 cosh(x)的值	
double exp(double x)	求 e^x 的值	
double floor(double x)	求不大于双精度实数 x 的最大整数	
double fmod(double x，double y)	求 x/y 整除后的双精度余数	
double log(double x)	求 ln x	x>0
double log10(double x)	求 $\log_{10}x$	x>0
double pow(double x，double y)	计算 x^y 的值	
double sin(double x)	计算 sin(x)的值	x 的单位为弧度
double sinh(double x)	计算 x 的双曲正弦函数 sinh(x)的值	
double sqrt(double x)	计算 x 的开方	x≥0
double tan(double x)	计算 tan(x)	
double tanh(double x)	计算 x 的双曲正切函数 tanh(x)的值	

2. 字符函数(头文件 ctype.h)

函数原型说明	功　能	返 回 值
int isalnum(int ch)	检查 ch 是否为字母或数字	是，返回 1；否则返回 0
int isalpha(int ch)	检查 ch 是否为字母	是，返回 1；否则返回 0
int iscntrl(int ch)	检查 ch 是否为控制字符	是，返回 1；否则返回 0
int isdigit(int ch)	检查 ch 是否为数字	是，返回 1；否则返回 0
int isgraph(int ch)	检查 ch 是否为 ASCII 码值在 ox21 到 ox7e 的可打印字符(即不包含空格字符)	是，返回 1；否则返回 0

续表

函数原型说明	功 能	返 回 值
int islower(int ch)	检查 ch 是否为小写字母	是，返回 1；否则返回 0
int isprint(int ch)	检查ch是否为包含空格符在内的可打印字符	是，返回 1；否则返回 0
int ispunct(int ch)	检查 ch 是否为除了空格、字母、数字之外的可打印字符	是，返回 1；否则返回 0
int isspace(int ch)	检查 ch 是否为空格、制表或换行符	是，返回 1；否则返回 0
int isupper(int ch)	检查 ch 是否为大写字母	是，返回 1；否则返回 0
int isxdigit(int ch)	检查 ch 是否为 16 进制数	是，返回 1；否则返回 0
int tolower(int ch)	把 ch 中的字母转换成小写字母	返回对应的小写字母
int toupper(int ch)	把 ch 中的字母转换成大写字母	返回对应的大写字母

3. 字符串函数(头文件 string.h)

函数原型说明	功 能	返 回 值
char *strcat(char *s1,char *s2)	把字符串 s2 接到 s1 后面	s1 所指地址
char *strchr(char *s,int ch)	在 s 所指字符串中，找出第一次出现字符 ch 的位置	返回找到的字符的地址，找不到返回 NULL
int strcmp(char *s1,char *s2)	对 s1 和 s2 所指字符串进行比较	s1<s2，返回负数；s1==s2，返回 0；s1>s2，返回正数
char *strcpy(char *s1,char *s2)	把 s2 指向的串复制到 s1 指向的空间	s1 所指地址
unsigned strlen(char *s)	求字符串 s 的长度	返回串中字符(不计最后的'\0')个数
char *strstr(char *s1,char *s2)	在 s1 所指字符串中，找出字符串 s2 第一次出现的位置	返回找到的字符串的地址，找不到返回 NULL

4. 输入输出函数(头文件 stdio.h)

函数原型说明	功 能	返 回 值
void clearer(FILE *fp)	清除与文件指针 fp 有关的所有出错信息	无
int fclose(FILE *fp)	关闭 fp 所指的文件，释放文件缓冲区	出错返回非 0，否则返回 0
int feof (FILE *fp)	检查文件是否结束	遇文件结束返回非 0，否则返回 0
int fgetc (FILE *fp)	从 fp 所指的文件中取得下一个字符	出错返回 EOF，否则返回所读字符
char *fgets(char *buf, int n, FILE *fp)	从 fp 所指的文件中读取一个长度为 n-1 的字符串，将其存入 buf 所指存储区	返回 buf 所指地址，若遇文件结束或出错返回 NULL

续表

函数原型说明	功 能	返 回 值
FILE *fopen(char *filename, char *mode)	以 mode 指定的方式打开名为 filename 的文件	成功，返回文件指针(文件信息区的起始地址)，否则返回 NULL
int fprintf(FILE *fp, char *format, args, …)	把 args，…的值以 format 指定的格式输出到 fp 指定的文件中	实际输出的字符数
int fputc(char ch, FILE *fp)	把 ch 中字符输出到 fp 指定的文件中	成功返回该字符，否则返回 EOF
int fputs(char *str, FILE *fp)	把 str 所指字符串输出到 fp 所指文件	成功返回非负整数，否则返回-1(EOF)
int fread(char *pt, unsigned size, unsigned n, FILE *fp)	从 fp 所指文件中读取长度 size 为 n 个数据项存到 pt 所指文件	读取的数据项个数
int fscanf (FILE *fp, char *format, args, …)	从 fp 所指的文件中按 format 指定的格式把输入数据存入 args，…所指的内存中	已输入的数据个数，遇文件结束或出错返回 0
int fseek (FILE *fp, long offer，int base)	移动 fp 所指文件的位置指针	成功返回当前位置，否则返回非 0
long ftell (FILE *fp)	求出 fp 所指文件当前的读写位置	读写位置，出错返回-1L
int fwrite(char *pt, unsigned size, unsigned n, FILE *fp)	把 pt 所指向的 n*size 个字节输入到 fp 所指文件	输出的数据项个数
int getc (FILE *fp)	从 fp 所指文件中读取一个字符	返回所读字符，若出错或文件结束返回 EOF
int getchar(void)	从标准输入设备读取下一个字符	返回所读字符，若出错或文件结束返回-1
char *gets(char *s)	从标准设备读取一行字符串放入 s 所指存储区，用'\0'替换读入的换行符	返回 s，出错返回 NULL
int printf(char *format, args，…)	把 args，…的值以 format 指定的格式输出到标准输出设备	输出字符的个数
int putc (int ch, FILE *fp)	同 fputc	同 fputc
int putchar(char ch)	把 ch 输出到标准输出设备	返回输出的字符，若出错则返回 EOF
int puts(char *str)	把 str 所指字符串输出到标准设备，将'\0'转成回车换行符	返回换行符，若出错，返回 EOF
int rename(char *oldname, char *newname)	把 oldname 所指文件名改为 newname 所指文件名	成功返回 0，出错返回-1
void rewind(FILE *fp)	将文件位置指针置于文件开头	无

续表

函数原型说明	功 能	返 回 值
int scanf(char *format, args, …)	从标准输入设备按 format 指定的格式把输入数据存入 args，…所指的内存中	已输入的数据的个数

5. 动态分配函数和随机函数(头文件 stdlib.h)

函数原型说明	功 能	返 回 值
void *calloc(unsigned n, unsigned size)	分配 n 个数据项的内存空间，每个数据项的大小为 size 个字节	分配内存单元的起始地址；如不成功，返回 0
void *free(void *p)	释放 p 所指的内存区	无
void *malloc(unsigned size)	分配 size 个字节的存储空间	分配内存空间的地址；如不成功，返回 0
void *realloc(void *p, unsigned size)	把 p 所指内存区的大小改为 size 个字节	新分配内存空间的地址；如不成功，返回 0
int rand(void)	产生 0～32767 的随机整数	返回一个随机整数
void exit(int state)	程序终止执行，返回调用过程，state 为 0 正常终止，非 0 非正常终止	无

附录 D　预处理命令的使用

预处理命令是以“#”号开头的命令，它们不是 C 语言的可执行命令。在 C 语言编译系统编译源程序之前，先要对源程序中的预处理命令进行处理，处理完毕之后才能对源程序进行编译。在全屏幕编译环境下，预处理是在编译之前自动由系统处理的。

最常用的预处理命令是#include 和#define，这些命令应该在函数之外书写，一般在源文件的最前面书写，称为预处理部分。

预处理命令除了以“#”开头以区别于 C 语言命令，还有两点需要注意：一是一条预处理命令独占一行，二是不以“；”作为结束标志。

C 语言提供了三类预处理命令，它们是宏定义、文件包含和条件编译。

1. 宏定义

宏定义命令有两条：#define 和#undef。

宏定义的主要概念是定义一个标识符来表示一个字符串，该标识符称为“宏名”。在预处理时，程序中出现的所有“宏名”，都要用宏定义中的字符串替换，就像在 Word 编辑软件中做替换(Replace)一样，“宏名”相当于在 Word 编辑软件中“查找和替换”对话框的“查找内容”编辑框的内容，字符串则相当于换为编辑框的内容。“宏名”用字符串替换的过程叫宏替换、宏展开或宏代换。

在 C 语言预处理命令中，宏定义分为不带参数和带参数两种。

其定义形式请看下表。

宏的种类	定义形式	举　例
不带参数的宏	#deine 宏名　字符串	#define PAI 3.14159265 预处理时，所有的 PAI 用 3.14159265 替换 C 程序中的 S=PAI*2*2；将被替换为： S=3.14159265*2*2；
带参数的宏	#deine 宏名(形参)字符串 带参数的宏的调用： 宏名(实参)	#define sp(r)((r)*(r)) 预处理时，所有的 sp(x)用(x)*(x)替换 C 程序中的 printf(“%1d”,sp(3))；将被替换为： Printf(“%1d”,(3)*(3))；

使用不带参数的宏定义的注意事项。

注意事项	举　例
(1)对于宏定义中的字符串在语法上没有任何限制，预处理程序对它不做任何检查。所以程序员就要注意检查替换以后会不会出现语法错误。例如，不要轻易在语句结尾写分号	#define PAI 3.14159265; 预处理时，所有的 PAI 用 3.14159265；替换 C 语言程序中的 s=PAI*2*2；将被替换为： S=3.14159265;*2*2； 这在语法上是错误的

续表

注意事项	举　例
(2)宏定义只做简单替换，注意要保证简单替换的运算逻辑是正确的	#define A 2+4 #define B A*3 printf("\n%d",2+4*3;)而不是替换为： printf("\n%d",(2+4)*3;);
(3)C 语言程序中的字符串常量和字符常量中的宏名是不做宏替换的	#define A 4 printf("A")；中的"A"是不做替换的 printf("A")；的显示结果是 A，不是 4
(4)不要将宏名用双引号或单引号括起来，宏名的使用要符合用户定义字的规定	#define "good"5 printf("good")；中的"good"是不做替换的 printf("good")；的显示结果是 good ，不是 5
(5)宏定义的作用域为从宏定义命令下面的语句到该源程序结束，宏定义的位置在函数之外可以用#undef 命令终止已经经过定义的宏的作用域	#define A 5 … #undef　A
(6)在习惯上，宏名使用大写字母书写，表示与普通变量名的区别，但是小写字母也没有错	#define SIZE 100
(7)宏定义可以嵌套。在一个宏定义的字符串中可以使用在它前面已经定义过的宏名，在宏替换的过程中层层展开	#define PAI 3.14159265 #define r 2 #define s (PAI)*(r)*(r) printf("%f",s);最终将被替换为： printf("%f",(3.14159265)*(2)*(2))
(8)可以用宏定义定义构造数据类型，以简化书写方式。但是要避免出错	#define STACK struct stack 在程序中可用 STU 作变量说明： 　STU body [5],*p; 则定义结构变量可以用： STACK [10];

使用带参数的宏定义的注意事项。

注意事项	举　例
(1) 定义带参数的宏时，宏名与形参表的左括号之间必须紧挨着，不能有空格或其他键，这种情况将被认为是不带参数的宏	#define sp(r)(r)*(r) C 语言程序中的 printf("%1d",sp(3));将被替换为： printf("%1d",(r)(r)*(r)(3)); 是个错误的语句
(2) 在宏定义中的形参是标识符，而宏调用中的实参既可以是标识符，也可以是表达式	宏定义是： #define sp(r)((r)*(r)) 宏调用可以是 sp(a)，也可以是 sp(2)

续表

注意事项	举 例
(3)在带参数的宏定义中，字符串内的形参一般要用圆括号括起来，并且整个字符串也要用圆括号括起来，以避免出错	#define sp(r)r*r 宏调用 printf("%1d",sp(a+2));将被替换为: printf("%1d",a+2*a+2);而不是被替换为: printf("%1d",(a+2)*(a+2)) #define sp(r)(r)*(r) 宏调用 printf("%1d",b/sp(a+2));将被替换为: printf("%1d",b/sp(a+2)*(a+2));而不是被替换为: printf("%1d",b/((a+2)*(a+2)));

下面是两个带参数的宏定义的实例。

【例 D-1】定义宏#define FOR(i，start，limit，step)。

可以使宏调用 FOR(J，1，10，1)表示以 j 为循环变量，从 1 到 10 结束循环，循环变量的步长是 step。

```
#include  <stdio.h>
#define  FOR(I,start,limit,step)
for((i)=(start);(I)<=(limit);(i)=(i)+step)
int main()
{
    int j;
    FOR(j,1,10,1) printf("%d",j);
}
```

【例 D-2】a 表示总秒数，用宏定义计算 a 表示的秒数相当于几小时几分钟几秒。

```
#include<stdio.h>
#define HOUR(a)  ((a)/3600)
#define MIN(a)   (((a)-HOUR((a))*3600)/60)
#define SEC(a)   ((a)-HOUR((a))*3600-MIN((a))*60)
#define F(a,h,m,s)  h=HOUR(a);m=MIN(a);s=SEC(a);
int main()
{
    int a=4680,h,m,s;
    F(a,h,m,s);
        Printf("\n%d is %d hour  %d min %d sec",ah,m,s)
}
```

2. 文件包含

文件包含命令行的一般形式为：

```
#include "文件名"
```

文件包含命令的功能是将指定文件名的内容原封不动地插入该命令行的位置并取消该命令行，从而使指定的文件成为当前源程序文件的一部分。

使用模块化程序设计思想进行程序设计时，必须要用到文件包含。一个比较大的程序可能被分成多个程序模块，由不同的程序员分别进行程序设计。一来，程序联调时，需要将所有的源程序组织到一个源程序中参与编译、链接和运行；二来，那些公用的符号常量或宏定义就可以单独组成一个共享文件，程序员们在调试自己的程序时将其包含在自己的源文件中，以避免每个程序员都要把相同的内容重新写一遍，既节省了时间，又减少了出错的机会。当然，这些共享文件只包含一次就行了。

使用文件包含命令要注意以下几点。

(1) 一个 include 命令只能包含一个文件，如果需要包含多个文件，必须用多个 include 命令，但是要注意顺序。

例如：

```
#include "A.h"
#include "B.h"
```

如果 A.h 的程序需要用到 B.h 中的内容，这个顺序就写反了。

(2) 文件包含命令允许嵌套，也就是说允许在一个被包含的文件中包含另一个文件。

例如：

源程序文件 testc 中的第一句是：

```
#include "A.h"
```

而文件 A.h 中的第一句是：

```
#include "B.h"
```

(3) 包含命令中的文件名既可以用双引号，也可以用尖括号括起来。这两者的区别在于：用尖括号包含的文件，应该到系统的 include 目录中去查找，而不是在源文件所在的目录去查找；用双引号包含的文件，首先在当前源文件所在的目录中查找，若未找到才到系统的 include 目录中去查找。

3. 条件编译

所谓条件编译就是程序员可以指定参加编译的程序段，预处理程序根据程序员的指定，按照不同的情况去编译不同的程序部分，从而产生不同的目标代码。该功能的使用非常有利于程序的移植和调试。

条件编译有三种形式，请看下表。

形　式	功　能	举　例
#ifdef 标识符 程序段 1 #else 程序段 2 #endif	如果#ifdef 命令中的标识符已被#define 命令定义过，则对程序段 1 进行编译；否则，对程序段 2 进行编译。允许程序段 2 为空，此时，#else 可以不写	#define PC #ifdef PC #define INT-SIZE 16 #else #define INT-SIZE 32 #endif 程序中的整型数以 16bit 处理

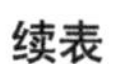

续表

形　式	功　能	举　例
#ifndef 标识符 程序段 1 #else 程序段 2 #endif	如果#ifndef 命令中的标识符未被#define 命令定义过，则对程序段 1 进行编译；否则，对程序段 2 进行编译。允许程序段 2 为空，此时，#else 可以不写	#ifndef PC #define INT-SIZE 32 #else #define INT-SIZE 16 #endif 程序中的整型数以 16bit 处理
#if　常量表达式 程序段 1 #else 程序段 2 #endif	如果#if 命令的常量表达式的值为真，则对程序段 1 进行编译；否则，对程序段 2 进行编译。允许程序段 2 为空，此时，#else 可以不写	#if 0 this is a test program #endif 由于常量表达式的值是 0，因此，程序段 1 肯定不参与编译，所以这种用法可以用于一些较长的注释，即程序段 1 的内容不是真正的程序，而是注释还可以将暂时不需要调试的程序段用这种办法与调试部分分隔开

附录E　程序在线评测系统介绍

1. IMNUCPC OJ 系统简介

Online Judge 系统(简称 OJ)是一个在线的判题系统，用来在线检测程序源代码的正确性。内蒙古师范大学在线评判系统(IMNUCPC OJ)是在北京大学提供的安装程序基础上建立的(仅供内部教学使用)，具有在线提交代码、实时评判的功能。用户可以在线提交多种程序(如 C、C++、Java 等)源代码，系统对源代码进行编译和执行，并通过预先设计的测试数据来检验程序源代码的正确性。

IMNUCPC OJ 上包含了大量程序设计题目，已注册的用户可以根据题目要求先在代码编辑器中编写、调试程序，再将调试成功的程序代码在线提交到 IMNUCPC OJ 上，系统会自动评判该程序是否完全正确，并实时给出评价反馈信息。除程序设计的竞赛的训练外，IMNUCPC OJ 也适合大学一年级初学程序设计基础课程的同学使用。在线评判的模式有助于学习者及时获得对实验结果的评价，也免除了教师大量的、重复性的检查程序的工作。

2. 在 IMNUCPC OJ 上注册

1) 打开网站

在浏览器地址栏输入网址 http://210.31.181.254/JudgeOnline/，即可打开 IMNUCPC OJ 的主界面，如图 E.1 所示。

Welcome to IMNUCPC OnlineJudge

Problem Set is the place where you can find large amount of problems from different programming contests. Online Judge System allows you to test your solution for every problem.

First of all, read carefully Frequently Asked Questions.
Then, choose problem, solve it and submit it.

If you want to publish your problems or setup your own online contest, just write us

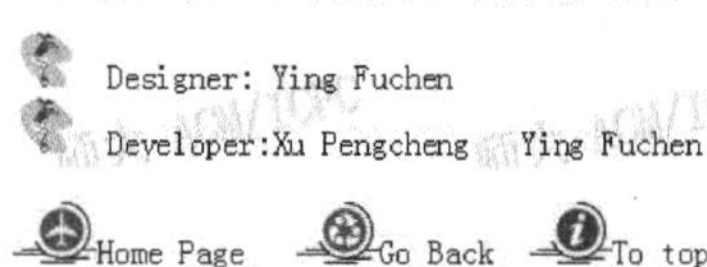

Home Page　Go Back　To top

All Copyright Reserved 2003-2005 Ying Fuchen,Xu Pengcheng
Any problem, Please Contact Administrator

图 E.1　IMNUCPC OJ 主界面

2) 注册账号

单击页面上方“Authors”模块或“User”模块下的“Register”均可进入注册页面，如图 E.2 所示。

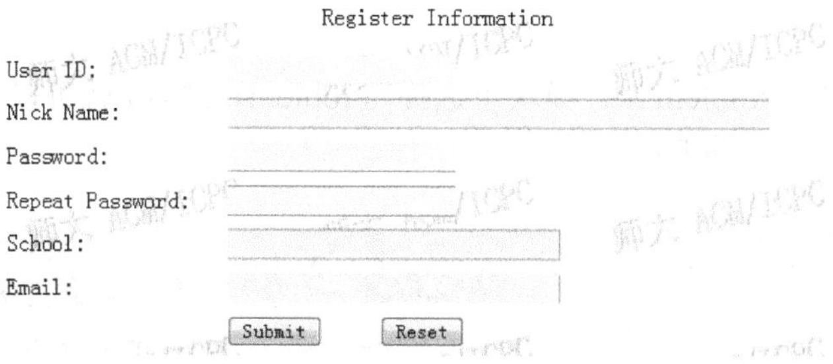

Register Information

User ID:

Nick Name:

Password:

Repeat Password:

School:

Email:

Submit　Reset

图 E.2　IMNUCPC OJ 注册页面

按图 E.2 的页面提示输入相关信息，最后单击 Submit 按钮，提交注册信息。

3) 系统登录

用户成功注册一个账号后，就可以返回主页，在“User”模块下的登录窗口输入 User ID(用户名)和 Password(密码)，再单击 login 按钮，即可进入 IMNUCPC OJ 系统。

4) 个人信息修改

如果用户想修改自己的个人信息，如昵称、密码等，在登录后，可单击“Authors”模块下的“Update your info”选项，单击后将出现个人信息修改界面，如图 E.3 所示。用户需要在其中输入自己原先设置的密码，然后再进行其他信息的修改，修改完毕后单击 Submit 按钮提交即可。

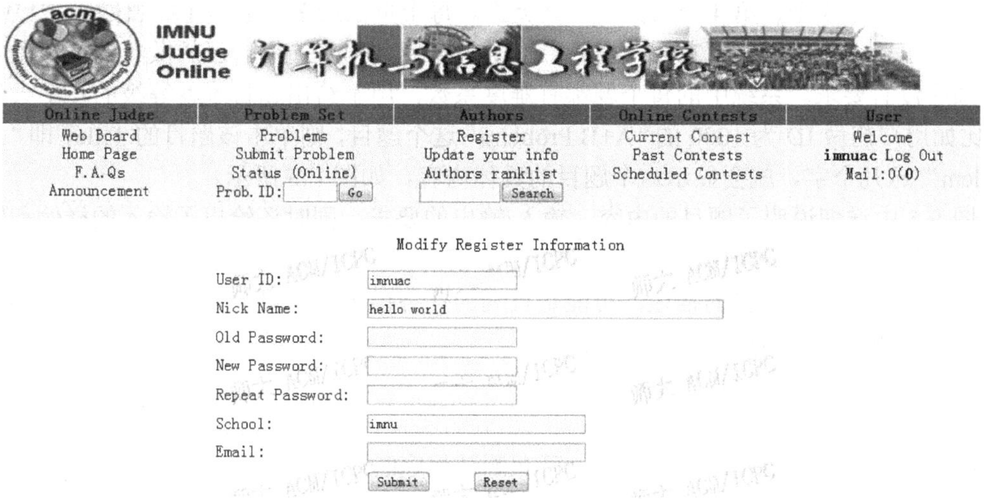

IMNU Judge Online

Online Judge	Problem Set	Authors	Online Contests	User
Web Board	Problems	Register	Current Contest	Welcome
Home Page	Submit Problem	Update your info	Past Contests	imnuac Log Out
F.A.Qs	Status (Online)	Authors ranklist	Scheduled Contests	Mail:0(0)
Announcement	Prob.ID: Go	Search		

Modify Register Information

User ID: imnuac

Nick Name: hello world

Old Password:

New Password:

Repeat Password:

School: imnu

Email:

Submit　Reset

图 E.3　信息修改窗口

3. 在 IMNUCPC OJ 上做题

IMNUCPC OJ 系统提供给用户两种做题的方式，一种是自主式的做题，即用户在题库

中自己选择题目，没有时间限制，随时可以进行，可以选择任何题目；另一种是教师指导式的做题，即教师布置好要做的题目及规定好时间，用户需要在指定时间内去完成这些指定的题目。由教师组织的一套题目称之为一个“Contest”。下面简单介绍一下这两种做题方式。

1) 选择题目

用户登录后，在“Problem Set”模块下选择“Problems”选项，就可以看到整个 IMNUCPC OJ 系统的题库目录，如图 E.4 所示。

ID	Title	Ratio (AC/submit)	Difficulty	Date
1000	A+B Problem	46%(3948/8539)	56%	2013-10-14
1001	最大和问题 Max Sum	34%(174/505)	69%	2013-7-8
1002	项目工程问题	35%(100/287)	70%	2013-7-28
1004	Mining	13%(38/296)	91%	2013-7-8
1005	Inversion	45%(121/266)	61%	2013-1-4
1006	Divide and Count	38%(184/479)	66%	2013-1-8
1007	Swordfish	57%(129/227)	35%	2012-12-3

图 E.4　IMNUCPC OJ 题库目录

图 E.4 显示的是第 1 个页面上的题目，单击蓝色数字“2”、“3”、“4”等则可以切换到第 2 个、第 3 个、第 4 个页面，以此类推。每个页面最多可显示 100 道题目。

用户可以根据题库中“Title”栏目中给出的题目名称来选择自己想做的题目，做题的先后顺序没有要求。系统中的每个题都有难度系数，用于给出题目难度等级的一个大致参考。比如用户想做 ID 为 1000 的“A+B Problem”这个题目，则单击该题目的 Title，即“A+B Problem”这几个字，就会显示这个题目的具体内容，如图 E.5 所示。

图 E.5 中详细说明了题目的内容，输入/输出的要求，同时还给出了输入的样例和输出的样例，给用户提供直观的输入/输出的指导。其中：

- 任务描述：题目的描述，可能是直观的任务描述，也可能是以故事或游戏等形式提出的一个需要解决的问题；
- 输入：题目的输入要求；
- 输出：题目的输出要求；
- 输入样例：给定的样例输入，可在测试程序时使用；
- 输出样例：给出输入样例的输出结果；
- 来源：题目来源。

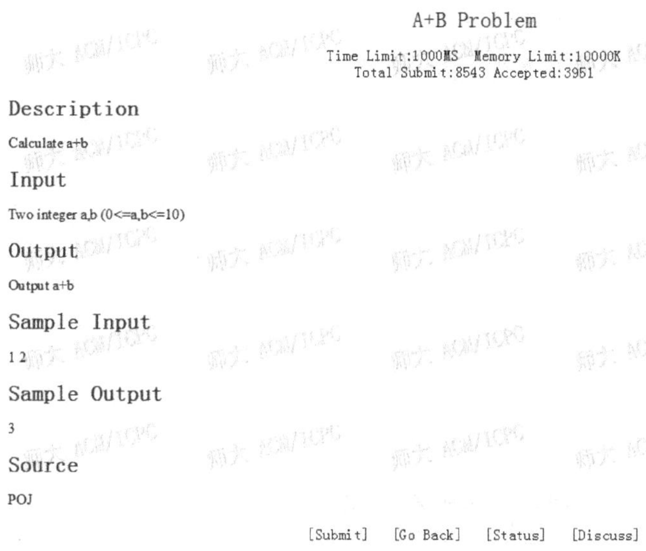

A+B Problem

Time Limit:1000MS Memory Limit:10000K
Total Submit:8543 Accepted:3951

Description

Calculate a+b

Input

Two integer a,b (0<=a,b<=10)

Output

Output a+b

Sample Input

1 2

Sample Output

3

Source

POJ

[Submit]　[Go Back]　[Status]　[Discuss]

图 E.5　浏览题目内容

2) 编程

IMNUCPC OJ 系统仅提供题库以及代码的评判功能，没有提供代码的编译环境，因此用户看清楚题目的要求后，需要使用编译器进行编程、调试等，并用各种数据进行反复测试，直到自己认为该程序基本正确为止。

3) 返回 IMNUCPC OJ 平台进行代码提交

程序在编译器下虽然初步调试成功了，但是否完全正确暂时还无法判断，因为我们在测试自己编写的代码时往往带有主观性，还有一点局限性，所选取的测试数据不一定全面，不一定能完全测试出编码中不够完善的地方。这时可借助 IMNUCPC OJ 系统进行更全面地判断。IMNUCPC OJ 系统针对题目事先设计了比较完整的多组测试数据，如果程序能通过 IMNUCPC OJ 的评判而返回正确的结果，则说明该程序的编写完全正确了。IMNUCPC OJ 系统对程序的评判比人工评判更客观、更全面、更高效。

返回到如图 E.5 所示的 IMNUCPC OJ 页面，页面的最下方有一个 Submit 按钮，单击这个按钮，将进入代码提交界面，如图 E.6 所示。将调试成功的代码复制到图 E.6 所示界面的空白处，第一次提交时默认的 Language(语言)为 GCC，通常将其改为 G++，然后单击页面下方的 Submit 按钮，就可以将编写好的代码提交给 IMNUCPC OJ 系统进行评判。

4) 查看 IMNUCPC OJ 系统的评判结果

程序提交后，会进入“Problem Status List”界面，如图 E.7 所示。该界面会显示用户的提交信息，如 User(用户名)、Problem(所提交的题目序号)、Result(评判结果)等。如图 E.7 中最上面一行评判信息表示，用户 imnuac 提交了编号为 1000 的题目的代码，IMNUCPC OJ 系统评判的结果是“Accepted”。评判结果会有多种反馈信息，如“Accepted”、“Wrong Answer”等，其中只有“Accepted”表示程序正确无误，其他信息都表示代码有各种各样的问题，需要对代码修改后重新提交给 IMNUCPC OJ 系统评判。

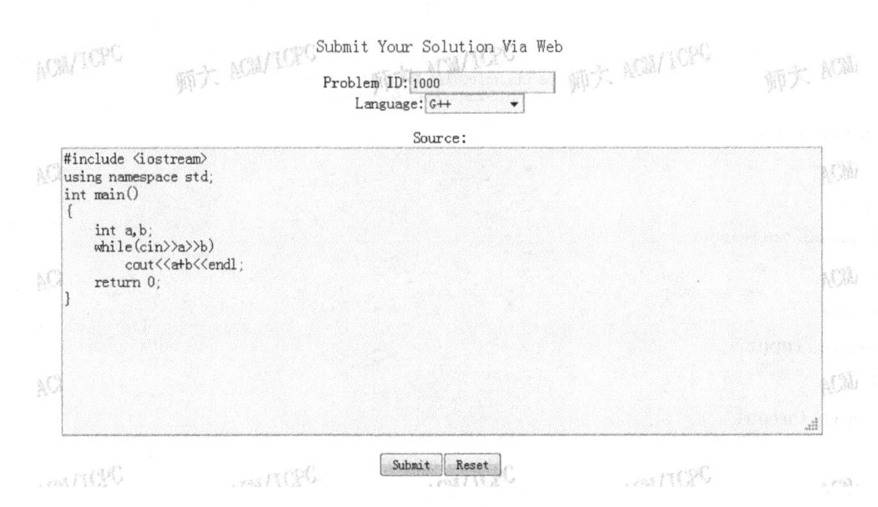

图 E.6　代码提交界面

Problem Status List

Problem ID: User ID: Go

Run ID	User	Problem	Result	Memory	Time	Language	Code Length	Submit Time
461805	imnuac	1000	Accepted	720K	0MS	G++	0.13K	2013-10-16 14:26:16.0
461804	20131106432	1751	Wrong Answer			GCC	0.11K	2013-10-16 09:32:33.0
461803	20131106432	1751	Compile Error			GCC	0.11K	2013-10-16 09:30:58.0
461802	20131106432	1751	Wrong Answer			GCC	0.11K	2013-10-16 09:29:56.0
461801	20131106432	1420	Compile Error			GCC	0.27K	2013-10-16 09:26:28.0
461800	20131106432	1420	Compile Error			GCC	0.27K	2013-10-16 09:25:10.0
461799	20131106432	1420	Compile Error			GCC	0.28K	2013-10-16 09:22:14.0
461798	20131106432	1756	Accepted	352K	0MS	GCC	0.13K	2013-10-16 09:11:12.0
461797	20131106432	1743	Accepted	352K	0MS	GCC	0.09K	2013-10-16 09:06:29.0
461796	20131106432	1747	Accepted	368K	0MS	GCC	0.1K	2013-10-16 09:03:52.0

图 E.7　OJ 的评判结果状态

各种评判结果含义如下。

- Accepted(AC)　正确。程序通过测试。
- Compile Error(CE)　编译错误。程序编译失败，单击相关链接可以查看错误原因。
- Presentation Error(PE)　输出格式错误。程序编译成功，并且没有发生运行时错误，对题目的测试数据求得了正确结果，但结果的输出格式与题目要求的格式不一致。PE 通常是由于多或少输出空格或空行等空白字符引起的。返回 PE 的结果，一般说明读者提交的程序离完全正确只有一步之遥了。
- Wrong Answer(WA)　答案错误。程序编译成功，没有发生运行时错误，但没有完全通过题目的测试数据。WA 大多是由算法缺陷或错误引起的。
- Runtime Error(RE)　运行时错误。程序编译成功，但发生了运行时错误。RE 通常是由于非法文件读取、数组索引或指针越界、堆栈溢出、浮点格式异常或除 0 等原因引起的。
- Time Limit Exceeded(TLE)　超出时间限制，即超时。程序运行时间超过了题目要求的最长时间限制。TLE 出现时，需要对程序进行优化，设计时间复杂度更低的算法。
- Memory Limit Exceeded(MLE)　超出内存限制。程序运行占用的内存超过了题目要求的最大内存限制。MLE 出现时，需要对程序进行优化，设计空间复杂度更低的算法。

- Output Limit Exceeded(OLE)　超出输出限制。程序运行输出的内容超过了题目要求的最大输出内容限制，即输出了题目没有要求的输出内容。OLE 一般是由于程序陷入死循环后一直输出引起的。

5) 查看提交过的代码

用户如果想查看自己提交过的代码，可以在图 E.7 所示的界面上用自己的 User ID 搜索自己提交过的代码，搜索结果如图 E.8 所示，这里显示的都是同一个用户的提交记录。然后在 Language 栏目下，选择相应题目的“GCC”或“G++”的标记，就可以打开之前提交过的代码，可以进行复制操作。普通用户可以查阅自己提交的代码，但无法查阅别人提交的代码。

Problem Status List

Problem ID: User ID: imnuac Go

Run ID	User	Problem	Result	Memory	Time	Language	Code Length	Submit Time
461814	imnuac	1740	Accepted	716K	0MS	G++	0.15K	2013-10-16 18:53:39.0
461813	imnuac	1743	Accepted	720K	0MS	G++	0.14K	2013-10-16 18:52:06.0
461812	imnuac	1745	Accepted	724K	0MS	G++	0.12K	2013-10-16 18:50:07.0
461811	imnuac	1000	Accepted	352K	0MS	GCC	0.11K	2013-10-16 18:38:08.0
461810	imnuac	1000	Accepted	540K	0MS	G++	0.11K	2013-10-16 18:37:43.0

图 E.8　搜索同一个用户的提交记录

6) 查看排名榜

IMNUCPC OJ 系统根据做题的数量及做题的时间自动对用户排名。做出的题目越多，所用时间越少的用户排名越靠前。选择主页上“Authors”模块下的“Authors ranklist”，可以看到系统的排名榜。

4. 输入输出的特殊要求

因为 IMNUCPC OJ 系统判题是严格按照事先设置的测试数据来进行的，所以必须要遵守规则。IMNUCPC OJ 系统要求输入/输出的格式一定要与样例输入/输出的格式完全一致，否则明明算法都是正确的，也会得到 WA 或 PE 的评判结果。比如有一道计算 A+B 的题目，题目要求输入 a 和 b，计算求和的结果并输出。给出的样例如下：

```
输入样例：
1 2
输出样例：
3
```

从样例中可以看出，题目要求输入两个整数，用空格间隔，输出为一个整数，即计算结果，除此之外，输入和输出中都没有其他多余的符号。

按照常规输入模式，本题正确的代码形式如下：

```
#include <stdio.h>

int main ( )
{
```

```
    int a, b, c;
    scanf("%d%d", &a, &b);
    c=a+b;
    printf("%d\n", c);
    return 0;
}
```

说明：

(1) 输入样例中，如果没有提示信息，就不要随意添加，如“Enter two numbers”之类的信息就不需要了。平时编程时可能希望添加这些信息使人机交互更友好，但是IMNUCPC OJ系统仅关注如何又快有准地解决问题，我们提供的测试数据里往往只有参与运算的数据而没有过多的提示信息，因此用户提交的代码中也不能出现样例中没有的信息项。

(2) 输出样例中一般只有结果的输出，这时候也不要添加输出的提示信息，如“Sum=”之类的信息也都是多余的(除非样例中有要求)，否则，系统会返回答案错误的信息，即“Wrong Answer”。

(3) 最后一个输出数据的后面要添加换行符，否则系统会给出“Presentation Error”的错误信息，表示格式错误。

参 考 文 献

[1] 谭浩强. C 程序设计[M]. 4 版. 北京：清华大学出版社，2010.

[2] 胡明，王红梅. 程序设计基础——从问题到程序[M]. 北京：清华大学出版社，2011.

[3] 耿祥义，张跃平. C 语言程序设计实用教程[M]. 北京：清华大学出版社，2010.

[4] 何勤. C 语言程序设计：问题求解方法[M]. 北京：机械工业出版社，2013.

[5] 王立柱. 程序设计：从过程化到面向对象[M]. 北京：机械工业出版社，2012.

[6] 吴文虎. 程序设计基础[M]. 2 版. 北京：清华大学出版社，2004.

[7] [美]P.J.Deitel，H.M.Deitel et al. C 大学教程[M]. 5 版. 苏小红，李东，王甜甜，等译. 北京：电子工业出版社，2008.

[8] 苏小红，等. C 语言大学实用教程[M]. 3 版. 北京：电子工业出版社，2012.

[9] E Balagurusamy. 标准 C 程序设计[M]. 5 版. 金名，等译. 北京：清华大学出版社，2011.

[10] [美]Al Kelley，Ira Pohl. C 语言教程[M]. 徐波，译. 北京：机械工业出版社，2007.

[11] 丁辉，王林林. C 语言程序设计任务教程[M]. 北京：中国铁道出版社，2012.

[12] 高国红，付俊辉，曲培新. C 语言程序设计案例教程[M]. 北京：清华大学出版社，2012.

[13] 王希更，路瑾铭. 全国计算机等级考试无纸化专用教程——二级 C 语言[M]. 北京：北京理工大学出版社，2013.

[14] 陈欣. C 语言程序设计实验教程[M]. 北京：北京大学出版社，2012.

[15] 李丽娟. C 语言程序设计教程实验指导与习题解答[M]. 4 版. 北京：人民邮电出版社，2013.

[16] 谭浩强，崔武子，梁爱华. C 语言程序设计实训教程[M]. 北京：清华大学出版社，2008.

[17] 杨开城. C 语言程序设计基础与应用[M]. 北京：人民邮电出版社，2011.

[18] 王浩. 程序员成长课堂——C 语言标准教程[M]. 北京：化学工业出版社，2011.